全国高职高专教育"十二五"规划教材

计算机应用基础学习指导

李长雅　主　编

邓湘玲　刘银河　副主编

梁慧君　陈　玫　姚　波

农丽丽　何志慧　劳甄妮　蒋　翔　参　编

钟　诚　主　审

中国铁道出版社

CHINA RAILWAY PUBLISHING HOUSE

内 容 简 介

本书是李长雅主编的《计算机应用基础（Windows 7+Office 2010）》的配套教材，以掌握计算机应用的基本技能为目的，实训内容循序渐进，操作性强，与课程教学内容相辅相承。

本书主要内容包括 4 个部分：第一部分为配合课程学习而设计的 20 个实训；第二部分为涵盖主教材大部分知识点的理论习题及答案；第三部分为理论模拟题及答案、操作模拟题；第四部分为继续教育理论和操作复习题。

本书适合作为高等职业教育计算机基础课程的配套教材，也可作为计算机等级考试培训教材以及计算机爱好者的辅导用书。

图书在版编目（CIP）数据

计算机应用基础学习指导/李长雅主编：—北京：
中国铁道出版社，2014.2（2018.7 重印）
全国高职高专教育"十二五"规划教材
ISBN 978-7-113-17917-5

Ⅰ．①计…　Ⅱ．①李…　Ⅲ．①电子计算机—高等职业
教育—教学参考资料　Ⅳ．①TP3

中国版本图书馆 CIP 数据核字（2014）第 000371 号

书　　　名：计算机应用基础学习指导
作　　　者：李长雅　主编

策　　　划：尹　鹏　王春霞
责任编辑：王春霞　冯彩茹
封面设计：刘　颖
责任校对：汤淑梅
责任印制：郭向伟

出版发行：中国铁道出版社（100054，北京市西城区右安门西街 8 号）
网　　址：http://www.tdpress.com/51eds/
印　　刷：三河市兴达印务有限公司
版　　次：2014 年 2 月第 1 版　　　2018 年 7 月第 9 次印刷
开　　本：787 mm×1 092 mm　1/16　印张：10.25　字数：245 千
印　　数：16 301～19 800 册
书　　号：ISBN 978-7-113-17917-5
定　　价：22.00 元

前 言

　　"计算机应用基础"作为高校计算机的入门教育课程，在整个大学生培养体系中有着不可低估的重要作用，是培养综合型、复合型创新人才的重要组成部分。本书主要依据"2013版全国高校计算机等级考试（广西考区）一级考试大纲"的指导思想而编写，是《计算机应用基础（Windows 7+Office 2010）》（李长雅主编）教材的配套指导书。

　　本书的编写注重培养学生计算思维能力，科学设计模块化的实训教学内容，形成合理的知识体系和稳定的知识结构。本书习题和实训内容是经过编者精心整理和组织的，具有一定的代表性，为巩固和加强学生的计算机基础知识和操作技能，指导非计算机专业学生顺利通过全国高校计算机等级考试（广西考区）一级考试提供方便。

　　本书以 Windows 7 操作系统为平台，以 Microsoft Office 2010、Photoshop CS3、Dreamweaver CS5 为基本教学软件，内容全面、由浅入深，同时密切结合计算机技术的最新发展，可满足不同基础学生的学习需求。书中的实训分为单个知识点实训和综合知识点实训，既相对独立，又相互联系，实训练习内容循序渐进，学生通过若干个实训的实践过程可以建立起系统的概念，达到知识的融会贯通，从而为今后的学习、生活和工作增加必备的知识和技能。

　　本书分为实训、理论习题及答案、模拟题和继续教育复习题4部分。

　　实训部分涵盖了主教材涉及的绝大部分操作性知识点和主教材尚未收录但在实际应用中比较常见的相关操作技能知识点，旨在使学生通过实训操作环节，快速掌握办公自动化应用技术，并能灵活运用计算机技能解决学习和生活中的实际问题，精心设计了4个必答模块和3个选做模块，共计20个实训。

　　理论习题及答案涵盖了教材大部分知识点近600题。

　　模拟题部分收录了2套笔试模拟题、6套上机模拟题，方便学生对自身计算机基础知识和应用能力进行自测。

　　继续教育复习题分为理论、操作两部分，包括基础知识、Windows、Word、Excel、Internet 等内容，提供给大专及专升本的函授学员继续教育学习使用。

参与本书编写工作的都是从事计算机基础教育多年且经验丰富的一线教师。本书由李长雅担任主编，邓湘玲、刘银河任副主编，广西大学计算机与电子信息学院钟诚教授主审。参与本书编写和审校工作的还有梁慧君、陈玫、姚波、农丽丽、何志慧、劳甄妮、蒋翔等老师，罗蔓、李致忠对本书的编写给予了大力支持。全书由李长雅统稿，钟诚教授对本书的编写内容和编写思路提出了许多宝贵意见，在此深表感谢！

由于时间仓促，加之编者水平有限，书中难免存在不足和疏漏之处，希望专家和广大读者不吝赐教。

编　者

2013 年 12 月

目 录

CONTENTS

第一部分 实 训

1.1 计算机基础实训

实训 1 英文输入练习

一、实训目标

（1）练习键盘的使用。

（2）认识键盘上的英文半角符号并熟悉它们的位置。

二、实训内容

（1）打开"C:\实训\输入练习\英文.xlsx"，在指定的位置输入键盘上的 95 个符号。

① 按 A～Z 顺序输入英文大写字母。

② 按 a～z 顺序输入英文小写字母。

③ 数字 10 个。

④ 英文标点符号 8 个，如表 1-1 所示。

表 1-1 英文标点符号

标点符号	逗号,	句号.	分号;	冒号:	问号?	感叹号!	单引号'	双引号"

⑤ 运算符号 14 个，如表 1-2 所示。

表 1-2 运 算 符 号

运算符号	加号+	减号−	乘号*	除号/	等于=	小于<	大于>
	左小括号(	右小括号)	左中括号[	右中括号]	左大括号{	右大括号}	插入号^

⑥ 其他英文符号 11 个，如表 1-3 所示。

表 1-3 其他英文符号

其他符号	反引号`	波浪号~	地址号@	数字符号#	美元$	百分号%
	和号&	下画线_	反斜杠\	竖线|	空格	

（2）打开 "C:\实训\输入练习\英文小句.xlsx"，在指定的位置输入如下句子：

① Cherish your health: If it is good, preserve it.

② I will take my "luck" as it comes.

③ I'm an energetic, fashion-minded person.

④ Business is business, isn't it?

⑤ Proper preparation solves 80% of life's problems.

⑥ Those who turn back never reach the summit!

⑦ Web address: http://www.gxwzy.com.cn.

实训 2　中文及特殊符号输入练习

一、实训目标

（1）熟悉中英文输入法的切换、不同输入法之间的切换方法。

（2）掌握中文标点符号的输入。

（3）熟练使用软键盘，实现特殊符号的输入。

二、实训内容

（1）打开 "C:\实训\输入练习\中文.xlsx"，切换当前输入法为汉字输入状态，利用键盘在指定的位置输入如下符号：

① 全角大写字母 A～Z，注意与实训 1 中的大写字母区别。

② 全角小写字母 a～z，注意与实训 1 中的小写字母区别。

③ 中文标点符号 11 个，如表 1-4 所示。

表 1-4　中文标点符号

中文 标点符号	句号 。	顿号 、	单引号 ' '	双引号 " "	省略号 ……	破折号 ——
	间隔号 ·	左书名号 《	右书名号 》	连接号 —	人民币 ￥	

（2）打开 C:\实训\输入练习\特殊.xlsx，切换汉字输入法并打开软键盘，在指定的位置输入表 1-5 所示的特殊符号。

表 1-5　特　殊　符　号

标点	【	〗	『	‖	ˇ
序号	Ⅷ	⑤	⑻	1.	⒆
数学符号	±	≥	≈	∵	∠
中文数字符号	℃	‰	°	○	¤
特殊符号	№	δ	→	★	§
拼音	ā	ó	ě	ì	ü
其他	γ	Ω	あ	ポ	业

（3）打开 "C:\实训\输入练习\综合.xlsx"，完成如下内容的输入：

① 请任意选择一种输入法输入下面的文字及符号。要求区分半/全角、大小写、中英文标

点等。

> 壹专家说：∵二进制，∴1+1=10；
>
> （二）快速转换中英文输入法的键盘组合键是 Ctrl+ ⌴？YES
>
> Ⅲ 24×24 点阵中，存储一个符号的容量≡72B！
>
> 4.我需要自学§1.5～§1.8节……
>
> （5）I need to save my homework after finish it，存放路径是：E:\□□□（学号姓名）。

② 请找出这段文字中所包含的药名，并在文档指定的位置输入：

红娘子，叹一声，受尽了槟榔的气。你有远志做了随风子，不想当归是何时，续断再得甜如蜜。金银花都费尽了，相思病没药医，待他有日的茴香也，我就把玄胡索儿缚住了你！

1.2 Windows 7 操作系统实训

实训 3 Windows 7 的基本操作

一、实训目标

（1）练习鼠标的使用。

（2）学习如何个性化设置桌面、屏幕保护程序、窗口的样式、分辨率及任务栏等。

（3）学习窗口的基本操作及对话框的使用。

二、实训内容

1. 知识点分类练习

（1）鼠标的基本操作：指向桌面上的"计算机"，分别单击、右击、双击，观察有何不同，并拖动"计算机"图标至所有图标末尾。

（2）操作对象的选择：同时选中桌面上的"计算机"、"回收站"、"网络"图标，观察选中后图标的变化。

（3）桌面操作（图标排列，更改背景、屏保及其他属性的设置等）：

① 排列桌面图标：分别按照"名称"、"大小"、"项目类型"、"修改日期"及"自动排列"等方式来进行，并观察桌面图标的变化；利用右键菜单，把桌面上的图标和文字设置为大图标显示。

② 选择右键快捷菜单中的"个性化"命令，打开个性化窗口，更改桌面背景、屏保及窗口的颜色等，对比设置前后桌面的变化。

（4）任务栏（移动、改变大小、系统时间设置等）：移动、隐藏、锁定任务栏，改变任务栏的大小，调整系统时间为 2014 年 5 月 5 日星期一 14:20:30。

（5）窗口操作（文件夹的显示方式与窗口排列等）：

① 在窗口中按照"名称"、"大小"、"类型"、"修改日期"等方式排列内容。

② 按照"列表"、"平铺"、"内容"、"详细信息"等方式查看文件或文件夹。

③ 打开多个窗口，调整窗口大小、位置和叠放次序，观察"层叠窗口"、"堆叠显示窗口"和"并排显示窗口"命令执行后有何不同。

（6）对话框的操作：包括选项卡、列表框、下拉列表框、命令按钮、文本框、数值框、单选按钮和复选框的使用。

2．知识点综合练习

（1）按修改时间自动排列桌面图标。

（2）将任务栏置于桌面的右边。

（3）拖动"计算机"图标至屏幕右上角，并将其名称更改为"我的电脑"。

（4）打开"计算机"中的 C 盘，在窗口中设置所有的文件夹以"详细信息"的方式查看文件或文件夹。

（5）更改桌面背景（背景任选），打开设置屏幕保护程序的对话框。

（6）在桌面上显示第（4）和第（5）题的两个窗口，执行"并排显示窗口"命令，截取当前桌面，在"画图"程序中粘贴，并以学号后三位作为文件名保存至 E 盘根文件夹下，提交该作业，最终效果如图 2-1 所示。

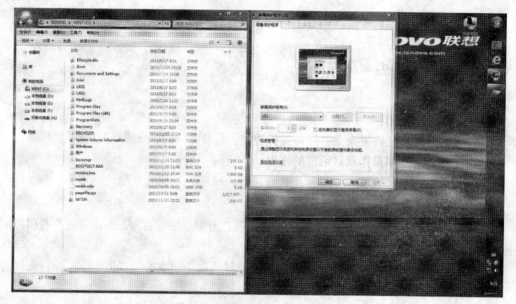

图 2-1　实训 3 综合练习效果图

实训 4　文件和文件夹管理

一、实训目标

（1）了解"计算机"和"资源管理器"的操作界面和组织结构。

（2）掌握文件和文件夹的基本操作。

（3）掌握工具文件夹选项的使用。

二、实训内容

1．知识点分类练习

（1）计算机和资源管理器：打开计算机窗口或启动资源管理器，观察窗口的导航窗格、文件内容窗格以及地址栏，单击小三角按钮，了解其作用；观察磁盘树形结构，练习对其进行展开和收起的操作。

（2）路径：

① 根据图 2-2 写出文件"值班表.xlsx"的路径。

图 2-2 文件路径

② 根据图 2-3 中的文件树形结构图,在 E 盘创建文件和文件夹(图中的方框表示文件夹)。

(3)文件和文件夹的操作(新建、移动、复制、重命名、删除、更改属性):选择文件夹"2013级"并右击,查看快捷菜单中的"剪切"、"复制"、"重命名"、"删除"、"属性"等命令。

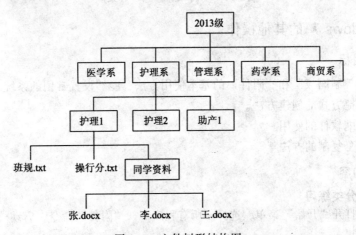

图 2-3 文件树形结构图

(4)文件夹选项:在窗口中设置显示所有的文件(包括隐藏文件)及已知文件类型的扩展名,并在地址栏中显示完整路径。(请留心观察设置前后的差别)

(5)搜索:搜索"C:\实训\Windows 素材"文件夹中所有的.txt 文件。

2. 知识点综合练习

(1)将"2013级\护理系\护理 1"文件夹下的"班规.txt"文件复制到"2013级\护理系\助产 1"文件夹内,并将文件名更改为"新规.txt"。

（2）将"2013级\护理系\护理1\同学资料"文件夹下的"李.docx"文件移动到"2013级\护理系\助产1"文件夹内，并将该文件名改为"赵.docx"。

（3）将"2013级"文件夹内的"商贸系"文件夹改名为"医药商贸系"，并将该文件夹的属性设置为"只读"属性。

（4）将"2013级\护理系"文件夹下的"护理2"文件夹删除。

（5）将"2013级\护理系\助产1"文件夹内的"新规.txt"文件的文件属性设置为"只读"属性和"隐藏"属性。

（6）在E盘创建文件夹□□□（□□□表示学生学号后三位及姓名），在"2013级"文件夹中搜索所有的.txt文件及.docx文件并复制到E盘□□□文件夹中。

（7）将文件夹"2013级"和"□□□"提交上来，最终效果如图2-4所示。

图2-4 实训4综合练习效果图

实训5 Windows 7 的其他操作

一、实训目标

（1）了解"控制面板"和"附件"的基本使用方法，能够设置常用的系统属性。

（2）掌握快捷方式的创建方法。

（3）掌握压缩软件的使用。

（4）掌握屏幕复制的方法。

二、实训内容

1. 知识点分类练习

（1）附件：打开"开始"菜单，选择"所有程序"→"附件"命令，启动"画图""写字板""记事本"等工具。

（2）控制面板：打开"开始"菜单，选择"控制面板"命令，启动"鼠标""系统"等属性设置。

（3）快捷方式：在桌面创建指向"记事本"程序的快捷方式。（"记事本"程序原始位置：C:\Windows\System32\notepad.exe）

（4）压缩软件的使用：右击"C:\练习"文件夹，选择"添加到压缩文件"命令。

（5）屏幕和窗口的复制：使用【Print Screen】键复制整个桌面，至"画图"程序中粘贴，使用【Alt+Print Screen】键复制"控制面板"窗口至"写字板"程序中粘贴。

2．知识点综合练习

（1）在 E 盘创建名为□□□的文件夹（□□□表示学生学号后三位及姓名）。

（2）在□□□文件夹中创建一个文件，名为"留言簿.txt"，文件内容为"软件我已装好！"。

（3）在 E 盘□□□文件夹中创建一个名为"文件夹选项.docx"的文件，双击该文件将其打开，将"控制面板"中的"文件夹选项"对话框画面存于该文件中，使用"文件"→"保存"命令将其保存。

（4）在 E 盘□□□文件夹中创建一个名字为"画图"的快捷方式，该快捷方式指向应用程序 C:\WINDOWS\system32\ mspaint.exe。

（5）双击打开第 4 题创建的"画图"快捷方式，画一个填充为红色的矩形，并以"红矩形.bmp"为文件名将该图片保存到 E 盘□□□文件夹中。

（6）将所有的窗口关闭，回到桌面，对桌面进行背景设置后，复制整个桌面送入剪贴板，从"附件"中调出"写字板"程序，粘贴桌面图，以"我的桌面"为文件名保存在 E 盘□□□文件夹中。

（7）将文件夹□□□打开，最终效果如图 2-5 所示。

图 2-5　实训 5 综合练习效果图

3．Windows 7 综合实训（初级）

（1）在 E:\下新建一个名为 T□的文件夹（□表示学号后三位），并将"C:\实训\Windows 素材\综合实训（初级）"文件夹中所有的文件复制到 T□文件夹中。

（2）在 T□文件夹下，建立一个子文件夹 test1，并将文件夹 T□中的扩展名为.docx、.pptx、.xlsx 和.accdb 文件移动到文件夹 test1 中。

（3）把 T□\test1 文件夹中所有的.docx 文件压缩到文件 tx1.rar 中。

（4）将文件夹 T□中的文本文档 WBB.TXT 重命名为 XY.TXT，并将属性设为"只读"。

4．Windows 7 综合实训（中级）

（1）在 E:\中创建名为 T□的文件夹（□表示学号后三位），并在 T□中创建子文件夹 sub1。

（2）将"C:\实训\Windows 素材\综合实训（中级）"中所有文件复制到 E:\T□中。

（3）将 E:\T□中扩展名为 docx 的文件移动至 sub1 文件夹中。

（4）将 E:\T□中的"BBJJ.JPG"文件改名为"山水图.JPG"。

（5）删除 E:\T□ 中的 sn.txt 文件。

（6）将 E:\T□ 中"成绩表.xlsx"文件的属性设置为"隐藏+只读"。

（7）将系统时间调整为"14：30"。

（8）将"山水图.JPG"设置为桌面背景。

（9）设置"气泡"的屏幕保护程序，等待时间为 1 min。

（10）设置任务栏中的时钟隐藏，并在"开始"菜单中显示小图标。

5. Windows 7 综合实训（高级）

（1）设置桌面背景为任意一张自己喜欢的图片。

（2）设置屏幕保护程序为"彩带"。

（3）将屏幕显示分辨率调成"1280×960"，颜色为"真彩色 32 位"。

（4）将显示属性的外观设为"大图标"。

（5）设置任务栏上不显示"输入法指示器"，然后再重新设置为显示。

（6）隐藏任务栏中的时钟，并在"开始"菜单中显示小图标。

（7）打开 3 个文件夹窗口，并按照"层叠"、"堆叠"、"并排"等方式排列 3 个窗口。

（8）在 E 盘建立一个 abc 的文件夹，再在这个文件夹中建立一个"abc.docx"和"edf.docx"的文档。

（9）将上面的"edf.docx"文档重命名为以自己名字命名的文件。

（10）将"abc.docx"文档的属性设置为隐藏。

（11）在 abc 文件夹中建立一可运行的"画图"程序（Mspaint.exe）的快捷方式，快捷方式的名称为"画图"。

1.3 计算机网络基础实训

实训 6 浏览器的使用及在线收发电子邮件

一、实训目标

（1）熟练进行浏览器的设置和使用，以及浏览网上的信息。

（2）会在网上查找信息并将其保存。

（3）掌握在线注册电子邮箱的和收发邮件的方法。

二、实训内容

1. 知识点分类练习

（1）新建文件夹：在 E 盘创立一个名为□□□的文件夹（□□□表示学生学号后三位及姓名）。

（2）IE 浏览器的使用：打开 IE 浏览器，在地址栏中输入 http://www.gxwzy.com.cn，把该网页设为 IE 浏览器的首页，并收藏该网页。

（3）网上搜索与网页的保存：启动 IE 浏览器，在地址栏输入 http://www.baidu.com（百度）并按【Enter】键，利用搜索引擎查找"护理专业"的网页（要求该网页中至少含有一张图片）。

① 将该网页以"网页，仅 HTML"类型，以 3-1.htm 为名，保存在 E:\□□□文件夹中。

② 将该网页中的图片以 3-2.jpg 为名保存在 E:\□□□文件夹中。

（4）注册免费电子邮箱：启动 IE 浏览器，在地址栏中输入 http://www.126.com 并按【Enter】键，点击注册，在弹出的注册网页窗口中，按照屏幕上的提示输入个人相关信息后，单击"注册"按钮，如图 3-1 所示。

图 3-1　注册邮箱

（5）在线收发电子邮件：打开 http://www.126.com 网页，用刚注册的用户名与密码登录，浏览收件夹等信息，添加附件，发送邮件。

2．知识点综合练习

（1）启动 IE 浏览器，在地址栏中输入 http://www.baidu.com 并按【Enter】键，利用搜索引擎查找"护理学"的网页（要求该网页中至少含有一张图片）。

① 将该网页以"web 档案，单个文件"类型，以 3-3.mht 为名，保存在 E:\□□□文件夹中。

② 将该网页以"文本文件"类型，以 3-4.txt 为名保存在 E:\□□□文件夹中。

③ 将该网页中的图片以 3-5.jpg 为名保存在 E:\□□□文件夹中，最终效果如图 3-2 所示。

图 3-2　实训 6 综合训练效果图

（2）登录电子邮箱，向教师写信，将 E:\□□□中的 3-1.htm 及 3-2.jpg 作为附件发送至教师邮箱中。

实训 7　Windows 7 的网络功能及 foxmail 的使用

一、实训目标

（1）Windows 7 中共享资源的设置和使用。

（2）掌握配置网络 IP 地址的方法。

二、实训内容

1. 知识点分类练习

（1）新建文件夹：在 E 盘创立一个名为□□□的文件夹（□□□表示学生学号后三位及姓名）。

（2）文件和文件夹的共享：启用网络发现功能，启用文件和打印机共享功能，设置共享 E 盘中的□□□文件夹。

（3）查看本机的 IP 地址：查询本机的 IP 地址、子网掩码、默认网关和 DNS 服务器地址。

（4）使用 foxmail 7：启动 foxmail 7 软件，使用实训 6 中申请的邮箱登录，查看已收到的电子邮件。

2. 知识点综合练习

（1）在 E 盘□□□文件夹中建立名为"本机计算机名.txt"的文本文档（本机计算机名请根据学生本人所使用的计算机来定，例如 A01.txt），并在该文件中输入本机的 IP 地址，子网掩码，默认网关，DNS 服务器地址，保存并退出。

（2）设置共享 E 盘中的□□□文件夹，复制网上邻居中附近一台计算机共享的"本机计算机名.txt"至文件夹□□□中。

（3）将文件夹□□□添加到□□□.rar 压缩文件。

（4）启动 foxmail 7，写一封电子邮件。收件人：glx@gxwzy.com.cn，抄送：jsj@gxwzy.com.cn；主题：作业。

邮件正文如下：

老师：您好！

现在将我的作业发送给您，见附件，请查收！

此致

敬礼

（学生姓名）

2014 年 2 月 1 日

（5）为邮件添加附件：□□□.rar。

（6）发送该邮件。

3. 网络综合实训（初级）

（1）在 E 盘创立一个名为 T□的文件夹（□表示学生学号后三位），将"C:\实训\网络素材"文件夹中的所有文件复制到 T□文件夹中。

（2）打开 T□ 中的 web1.html 文件，将该网页中的全部文本，以文件名 wy1.txt 保存至 T□ 文件夹中，将该网页中的图片以 tu1.jpg 为名保存至 T□ 的文件夹中。

（3）启动收发电子邮件软件，编辑电子邮件：

收件人地址：jsj@gxwzy.com.cn

主题：□□□作业

正文如下：

伍老师：您好！

本机的 IP 地址是：（请输入本机的 IP 地址）。

DNS 服务器地址是：（请输入本机的 DNS 服务器地址）

此致

敬礼

（学生姓名）

2014 年 2 月 1 日

（4）将 T□ 文件夹中的 wy1.txt 和 tu1.jpg 文件作为电子邮件的附件，并发送邮件。

4．网络综合实训（高级）

（1）在 E 盘创立一个名为 T□ 的文件夹（□表示学号后三位），并在 T□ 文件夹中创建子文件夹 tx1。

（2）将 "C:\实训\网络素材" 文件夹中的所有文件复制到 T□ 文件夹中。

（3）打开 T□ 中的 web2.html 文件，将该网页以 "网页，仅 HTML" 类型，以 wy2.htm 为名，保存在 E:\T□\tx1 文件夹中；将该网页以 "web 档案，单个文件" 类型，以 wy3.mht 为名保存在 E:\T□\tx1 文件夹中；将该网页中的图片以 tu2.jpg 为名保存在 E:\T□\tx1 文件夹中。

（4）在 E:\T□\tx1 文件夹中新建一个文本文档 ip1.txt，输入并保存本机的 IP 地址、子网掩码、默认网关、DNS 服务器地址。

（5）将文件夹 T□ 添加到 T□.rar 压缩文件中，

（6）启动收发电子邮件软件，编辑电子邮件：

收件人地址：jsj@gxwzy.com.cn

主题：□□□作业

正文如下：

伍老师：您好！

附件为我的作业。谢谢！

此致

敬礼

（学生姓名）

2014 年 2 月 1 日

（7）以 T□.rar 作为电子邮件的附件，并发送邮件。

1.4 文字处理 Word 2010 实训

实训 8 文档的基本操作

一、实训目标

（1）利用 Word 创建文档、输入文档、编辑（修改）文档及保存文档。

（2）理解并记住 Word 软件操作的一般方法。

二、实训内容

1．知识点分类练习

（1）保存操作：新建一个 Word 空白文档，输入下面的原文，并将该文档以 4-1-1-□□□ 为名，以"Word 文档"为保存类型保存到 E:\□□□文件夹（□□□表示学号后三位及姓名）。原文的内容如下：

本人职业态度良好，具有较强的亲和力，人际关系良好，经过一年的实践，使张三在技术方面有了丰硕的收获，使张三变得更加成熟稳健，专业功底更加扎实，如导尿术，灌肠术，下胃管，成人静脉输液，皮内、皮下注射等技术能较为熟练的操作，基本护理技术全面，基本掌握各类医疗设备的操作，有较强的独立工作能力。对医护行业认识深刻，能很快适应各科室的工作流程，善于学习，不怕吃苦，热情大方，能够时刻微笑面对病患。

广西卫生职业技术学院 2013 届毕业生推荐书自我评价

（2）调整段落位置：将正文第 1 段与第 2 段互换位置后，"自我评价"作为独立一个段落（参考图 4-1）。并将该文档以 4-1-2-□□□ 为名，以"Word 文档"为保存类型保存到 E:\□□□文件夹中（□□□表示学号后三位及姓名）。

（3）替换/查找：打开"C:\实训\Word 素材\4-1-2.docx"文档，将正文中的"张三"替换为"我"，设置为红色。并将该文档以 4-1-3-□□□ 为名，以"Word 文档"为保存类型保存到 E:\□□□文件夹（□□□表示学号后三位及姓名）。最终效果如图 4-1。

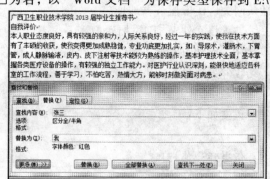

图 4-1 替换后的效果

2．知识点综合练习

（1）打开"C:\实训\Word 素材\4-1.rtf"文档，在文档最后另起一段并输入如下内容：

内容为：此致敬礼！自荐人：李四

（2）将文档中的"此致"、"敬礼！"和"自荐人：李四"分别作为独立的段落，如图 4-2 所示。

（3）将正文第 2 段与第 6 段互换位置。

（4）将正文第 5 段至第 8 段中的"李四"替换为"我"，设置为蓝色、加粗。并将手动换行符↓替换成段落标记符↵。

（5）将该文档以 4-1-□□□.docx 为名，以"Word 文档"为保存类型保存到 E:\□□□文件夹中（□□□表示学号后三位及姓名）。最终效果如图 4-2 所示。

自荐信

尊敬的领导：

您好！

首先，感谢您在百忙之中展看我的自荐信，为一位满腔热情的大学生开启一扇希望之门。　　我叫李四，是一名即将于 2015 年 6 月毕业于广西卫生职业技术学院护理专业的学生。借此择业之际，我怀着一颗赤诚的心和对事业的执著追求，真诚地推荐自己。

在校期间，我孜孜不倦，勤奋刻苦，具备护理方面的基本理论、基本知识和基本技能，经过一年的实践，使我在护理技术方面有了丰硕的收获，使我变得更加成熟稳健，专业功底更加扎实。

通过在学校里的努力学习我掌握了大量专业和技术知识，护理操作水平大幅度提高，如：无菌技术，导尿术，灌肠术，下胃管，口腔护理，成人静脉输液，氧气吸入，皮内、皮下、肌肉注射等技术能较为熟练的操作。有较强的独立工作能力。医院的实习经历，让我学会了老护士娴熟的专业技能。各科病房的工作，让我学会了临危不乱，耐心护理，微笑待人，用最大的理性对待病情，怀着最赤诚的爱心去面对患者。

在生活中我把自己锻炼成为一名吃苦耐劳的人，工作热心主动，脚踏实地，勤奋诚实，能独立工作是我对工作的本分，独立思维，身体健康，精力充沛是我能充分发挥潜能的跳台。而且通过医院实习工作，培养了我良好的的工作态度和团队意识。

过去并不代表未来，勤奋才是真实的内涵。对于实际工作，我相信我能够很快适应工作环境，并且在实际工作中不断学习，不断完善自己，做好本职工作。如果有幸能够加盟贵单位，我坚信在我的不懈努力下，一定会为贵单位的发展做出应有的贡献。因此我对自己的未来充满信心。

追求永无止境，奋斗永无穷期。我要在新的起点、新的层次、以新的姿态、展现新的风貌，书写新的记录，创造新的成绩，我的自信，来自我的能力，您的鼓励；我的希望寄托于您的慧眼。如果您把信任和希望给我，那么我的自信、我的能力，我的激情，我的执着将是您最满意的答案。

您一刻的斟酌，我一生的选择！

诚祝贵单位各项事业蒸蒸日上！

此致

敬礼！

自荐人：李四

图 4-2　"文档基本操作"效果图

实训 9　文档的格式化操作

一、实训目标

（1）理解并记住文档格式化的一般方法。

（2）能够对 Word 文档进行字符格式化、段落格式化、页面格式化设置，以及首字下沉、分栏、边框底纹等特殊格式的设置。

二、实训内容

1. 知识点分类练习

（1）字符格式：打开"C:\实训\Word 素材\4-2-1.docx"文档，按文档要求编辑，编辑完成以后以□□□.docx 为文件名保存到 E:\□□□文件夹中（□□□表示学号后三位及姓名）。最终效果如图 4-3 所示。

按以下提示的格式对文字进行格式设置

1. 字体为隶书；

2. 字号为三号字；

3. **加粗字；**

4. 字颜色为标准色红色；

5. <u>加蓝色下划线；</u>

6. 加着重号；

7. X^2+Y^2（要求其中的 2 为上标）；

8. 字 符 间 距 为 加 宽 3 磅， 缩放 200%；

9. 字符位置提升 5 磅；

10. 文本效果为发光、红色、18pt、强调文字颜色 2

11. 設置為繁體中文漢字；

12. 文字处理软件（wénzì chǔlǐ ruǎnjiàn）（给这 6 个汉字加上拼音注音，注音的格式为 9 号字、居中）；

13. ㊟（设置这一汉字为"带圈字符"，样式为"增大圈号"，圈号任选）；

图 4-3 "字体格式"效果图

（2）段落格式：打开"C:\实训\Word 素材\4-2-2.rtf"文件，按如下要求在文档中完成段落的格式设置，编辑完成后另存至 E:\□□□文件夹，命名为 4-2-2-□□□.docx（□□□表示学号后三位及姓名）。最终效果如图 4-4 所示。

① 给文章加标题"自我评价"，居中显示。

② 设置标题行的段前间距为 10 磅，段后间距为 20 磅。

③ 将正文设置为首行缩进 2 个字符，段前间距 0.5 行。

④ 将第 1 段设置左右缩进各 1 cm。

⑤ 给第 2 段设置项目符号"◆"。

自我评价

本人职业态度良好，具有较强的亲和力，人际关系良好，经过一年的实践，使我在技术方面有了丰硕的收获，使我变得更加成熟稳健，专业功底更加扎实，如：导尿术，灌肠术，下胃管，成人静脉输液，皮内、皮下注射等技术能较为熟练的操作，基本护理技术全面，基本掌握各类医疗设备的操作，有较强的独立工作能力。

◆ 对医护行业认识深刻，能很快地适应各科室的工作流程，善于学习，不怕吃苦，热情大方，能够时刻微笑面对病患。

图 4-4 "段落格式"效果图

（3）边框和底纹：打开"C:\实训\Word 素材\4-2-3.docx"文件，按如下要求编辑，编辑完成后另存至 E:\□□□文件夹，命名为 4-2-3-□□□.docx（□□□表示学号后三位及姓名）。最终效果如图 4-5 所示。

　① 给标题添加文字边框、阴影、双线、红色、0.5 磅。

　② 给第 1 段添加底纹，填充黄色、图案浅色下斜线，颜色设为蓝色。

　③ 给页面加边框，任选一艺术型边框，颜色为红色，线宽为 5 磅。

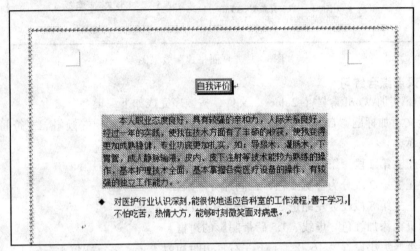

图 4-5　"边框和底纹"效果图

（4）分栏：打开 C:\实训\Word 素材\4-2-4.docx，设置正文第 2 段分 2 栏、间距 3 磅、有分隔线。编辑完成后另存至 E:\□□□文件夹，命名为 4-2-4-□□□.docx（□□□表示学号后三位及姓名）。最终效果如图 4-6 所示。

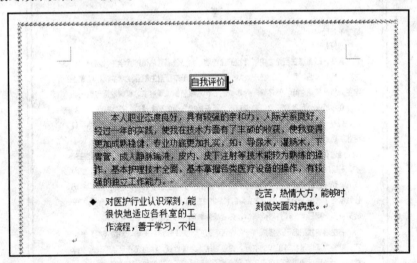

图 4-6　"分栏"效果图

（5）页面格式：打开 C:\实训\Word 素材\4-2-5.docx，设置整篇文档纸张为 A4，上下页边距为 2 cm，左右页边距为 2.5 cm。编辑完成后另存至 E:\□□□文件夹，命名为 4-2-5-□□□.docx（□□□表示学号后三位及姓名）。最终效果如图 4-7 所示。

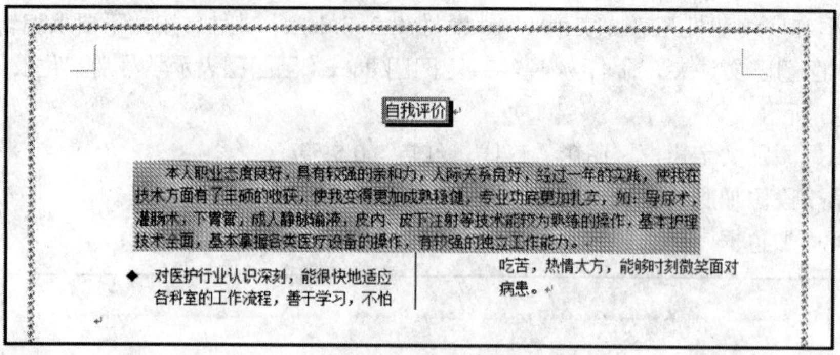
自我评价

本人职业态度良好，具有较强的亲和力，人际关系良好，经过一年的实践，使我在技术方面有了丰硕的收获，使我变得更加成熟稳健，专业功底更加扎实，如：导尿术、灌肠术、下胃管，成人静脉输液，皮内、皮下注射等技术能较为熟练的操作，基本护理技术全面，基本掌握各类医疗设备的操作，有较强的独立工作能力。

◆ 对医护行业认识深刻，能很快地适应各科室的工作流程，善于学习，不怕吃苦，热情大方，能够时刻微笑面对病患。

图 4-7 “页面格式”效果图

2．知识点综合练习

打开“C:\实训\Word 素材\4-2.docx”文件，按顺序完成如下编辑：

（1）给文章加标题“自荐书”，二号字、红色、华文行楷、加粗并倾斜、字符间距加宽 10 磅、居中显示。

（2）将正文第 2 段～第 6 段设为首行缩进 2 个字符，1.3 倍的行距。

（3）将正文第 7 段分为等宽 2 栏，栏间加分隔线。

（4）将正文第 8 段设为左缩进 3 个字符，第 10 段右对齐。

（5）给页面添加红色、虚线、1.5 磅带阴影的边框。

（6）将纸张大小设置为 16 开，上下左右页边距均为 2 cm，装订线位于左侧 1.5 cm 处。

（7）将该文档以 4-2-□□□.docx 为名，以“Word 文档”为保存类型保存到 E:\□□□文件夹（□□□表示学号后三位及姓名）。最终效果如图 4-8 所示。

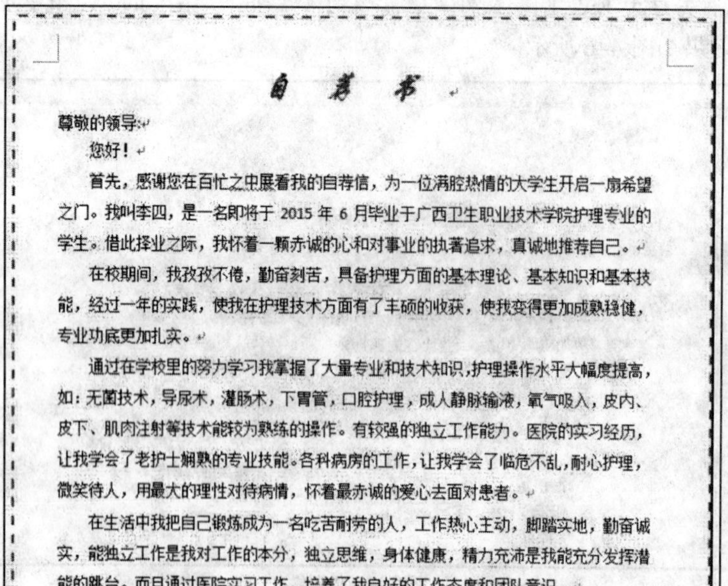
自 荐 书

尊敬的领导：

您好！

首先，感谢您在百忙之中展看我的自荐信，为一位满腔热情的大学生开启一扇希望之门。我叫李四，是一名即将于 2015 年 6 月毕业于广西卫生职业技术学院护理专业的学生。借此择业之际，我怀着一颗赤诚的心和对事业的执著追求，真诚地推荐自己。

在校期间，我孜孜不倦，勤奋刻苦，具备护理方面的基本理论、基本知识和基本技能，经过一年的实践，使我在护理技术方面有了丰硕的收获，使我变得更加成熟稳健，专业功底更加扎实。

通过在学校里的努力学习我掌握了大量专业和技术知识，护理操作水平大幅度提高，如：无菌技术，导尿术，灌肠术，下胃管，口腔护理，成人静脉输液，氧气吸入，皮内、皮下、肌肉注射等技术能较为熟练的操作。有较强的独立工作能力。医院的实习经历，让我学会了老护士娴熟的专业技能。各科病房的工作，让我学会了临危不乱，耐心护理，微笑待人，用最大的理性对待病情，怀着最赤诚的爱心去面对患者。

在生活中我把自己锻炼成为一名吃苦耐劳的人，工作热心主动，脚踏实地，勤奋诚实，能独立工作是我对工作的本分，独立思维，身体健康，精力充沛是我能充分发挥潜能的跳台。而且通过医院实习工作，培养了我良好的工作态度和团队意识。

您一刻的斟酌，我一生的选择！ | 诚祝贵单位各项事业蒸蒸日上！

此致

敬礼！

自荐人：李四

图 4-8 “文档格式化操作”效果图

实训 10 文档的图文混排操作

一、实训目标

（1）理解并记住图文混排的一般方法。

（2）能在 Word 文档中添加图片、艺术字、文本框并进行编辑修改。

二、实训内容

1．知识点分类练习

打开"C:\实训\Word 素材\4-3-1.docx"文档，按顺序编辑文档。编辑完成后以"4-3-1-□□□.docx"为文件名保存到 E:\□□□文件夹（□□□表示学号后三位及姓名）。最终效果如图 4-9所示。

（1）艺术字：给文档加艺术字标题"高职教育"；艺术字样式：第三行第二列；形状样式：彩色轮廓-蓝色，强调颜色 1；自动换行：上下型环绕。

（2）文本框：在第 1 段插入一个简单文本框，内容为"护理专业"，字体设为华文行楷、四号、红色；文本框形状填充：纹理羊皮纸；形状效果：阴影外部、右下斜偏移；自动换行：四周型环绕。在第 2 段插入一横排文本框，内容为"助产专业"，某设置与"护理专业"相同。

（3）首字下沉：将正文第 2 段和第 4 段设为首字下沉 2 行，首字为隶书、蓝色、距正文 1 cm。

（4）图片：在正文最后插入"C:\实训\Word 素材"中名为"logo.jpg"的图片，并设置图片效果：全映像，接触。

（5）给文档添加页眉："广西卫生职业技术学院"，分散对齐。

（6）给文档添加页脚："地址：昆仑大道 8 号"，右对齐。

图 4-9 "文档的图文混排操作"效果图

2．知识点综合练习

（1）新建一个空白的 Word 文档，在"页面布局"选项卡选择"页面颜色"组，设置填充效果：双色。

（2）插入"版面.jpg"图片，设置图片样式：柔化边缘矩形；自动换行：四周型环绕。

（3）插入艺术字"就业推荐书"，艺术字样式：填充–无，轮廓–强调文字颜色 2。文本填充：标准色红色。自动换行：浮于文字上方。

（4）插入文本框，内容："姓名：***，专业：***，联系电话：***"。设置形状样式：无形状填充，无形状轮廓。

（5）编辑完成后以"推荐书—□□□.docx"文件名保存到 E:\□□□文件夹（□□□表示学号后三位及姓名）。最终效果如图 4-10 所示。

图 4-10 "就业推荐封面"效果图

实训 11 文档的表格操作

一、实训目标

（1）理解并记住 Word 制表的一般方法。

（2）能够利用 Word 创建、编辑修改、格式化表格。

二、实训内容

1．知识点分类练习

（1）创建表格：新建一个空白的 Word 文档，在文档中建立图 4-11 所示的表格。编辑完成

以后以 4-4-1-□□□.docx 为文件名，保存到 E:\□□□文件夹。（□□□表示学号后三位及姓名）

		性别	数学	语文	英语
2	张华强	男	83	75	88
5	王宏伟	男	71	69	60
3	刘露	女	90	85	70
4	张文	女	84	90	66
1	李丽	女	80	78	70

图 4-11 "创建表格"效果图

（2）美化表格：打开"C:\实训\Word 素材\4-4-2.docx"文档，按下列要求美化表格。编辑完成以后以 4-4-2-□□□.docx 为文件名，保存到 E:\□□□文件夹（□□□表示学号后三位及姓名）。最终效果如图 4-12 所示。

① 在"英语"的右边插入一列，列标题为"个人总分"，在表格的最后增加一行，行标题为"单科平均分"。

② 第 1 行行高设置为 1 cm。调整第一列的宽度如图 4-12 所示。第 2 列～第 7 列的列宽设置为 2 cm。

③ 合并单元格，如图 4-12 所示。

④ 给表格设置红色双线 1.5 磅外边框，蓝色单线 1 磅内边框，表头设置底纹黄色。

学号 \ 姓名		性别	数学	语文	英语	个人总分
2	张华强	男	83	75	88	
5	王宏伟	男	71	69	60	
3	刘露	女	90	85	70	
4	张文	女	84	90	66	
1	李丽	女	80	78	70	
单科平均分						

图 4-12 "美化表格"效果图

（3）文本与表格的转换：打开"C:\实训\Word 素材\4-4-3.docx"文档，把最后两行转换成 2 行 4 列表格，编辑完成以后以 4-4-3-□□□.docx 为文件名，保存到 E:\□□□文件夹（□□□表示学号后三位及姓名）。最终效果如图 4-13 所示。

学号 \ 姓名		性别	数学	语文	英语	个人总分
2	张华强	男	83	75	88	
5	王宏伟	男	71	69	60	
3	刘露	女	90	85	70	
4	张文	女	84	90	66	
1	李丽	女	80	78	70	
单科平均分						
单科最高分		90		90		88
单科最低分		71		69		60

图 4-13 "文本与表格转换"效果图

2. 知识点综合练习

（1）新建一个空白 Word 文档，创建一个 5 列 11 行的表格。

（2）将第1行～第10行的行高设为1 cm，第11行行高设为10 cm。

（3）按图4-14合并单元格。

（4）按图4-14输入单元格内容，并将字体设为四号、加粗、中部居中对齐。

（5）按照图4-14设置边框底纹。底纹为标准色浅绿。表格外边框为0.5磅双线，内框为0.5磅单线。

（6）给表格添加"简历表"标题。格式设为黑体、四号、加粗、居中。

（7）表格居中对齐：编辑完成后另存至 E:\□□□文件夹（□□□表示学号后三位及姓名），并命名为4-4-□□□.docx。最终效果如图4-14所示。

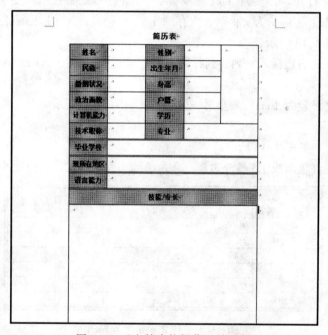

图4-14　"文档表格操作"效果图

3．Word 综合实训（初级）

打开"C:\实训\Word 素材\综合实训（初）"文件夹中的 Word 文档 word1.docx，完成以下操作：

（1）页面设置：纸张大小为 A4；页边距上、下各为2.5 cm，左、右各为2.2 cm，横向打印。

（2）将标题文字"阿甘正传"设置为小二号、黑体、居中。

（3）设置正文各段首行缩进2个字符，段后间距0.5行，行距为固定值20磅。

（4）以"word1-□□□.docx"为文件名，保存到 E:\□□□文件夹（□□□表示学号后三位及姓名）。

4．Word 综合实训（中级）

打开"C:\实训\Word 素材\综合实训（中）"文件夹中的 word2.docx，将文件以文件名：word2-□□□.docx 保存在 E:\□□□文件夹；并对 Nword2-□□□.docx 文档按如下要求进行操作：

（1）在正文第3段末尾接着输入如下文字，并设置为红色：

把龙滩设备生产摆在最重要位置。龙滩公司在铁路部门全力保障救灾物资运输情况下，改铁路运输为公路运输，保证了设备运输畅通。该公司和安装单位葛洲坝集团、监理单位二滩建设咨询有限公司通力合作，调集了大批专家展开6号机组安装调试大会战。

（2）将文中所有"龙滩"设为深蓝色字，并加上双删除线，将标题段文字设置为三号、黑体、蓝色、加粗、居中，并给段落添加浅蓝色双线边框。

（3）将正文各段的中文文字的字体设置为华文新魏、四号，各段落首行缩进 0.8 cm，行距为"固定值，18 磅"。

（4）在正文第 3 段中插入"C:\实训\Word 素材\综合实训（中）"文件夹中的 tp8.gif 图片，设置图片大小缩放为 120%，位置：中间居中，四周型文字环绕。

（5）在正文第 3 段后另起一段插入"C:\实训\Word 素材\综合实训（中）"文件夹中的 WIG.docx 文件，然后按要求完成以下操作：

① 将第（5）题操作中插入的文本文字转换为一个 4 行 6 列的表格。

② 将表格第一列的单元格设置成浅蓝色底纹；将表格外边框设为红色双线框（内部框线保留）。

（6）将正文最后一段分为等宽的 2 栏，栏间距设置为 0.8 cm，并添加分隔线。

（7）页面设置：设置纸张大小为 A4，页边距上、下均为 2.5 cm，左、右均为 2.2 cm，每页 20 行。存盘退出。

5．Word 综合实训（高级）

以"预防艾滋病"为主题出板报，要求如下：

（1）纸张大小设为 A3，横向，上下左右页边距均为 2 cm。

（2）整体版面布局合理、谐调、美观。

将编辑好的文档以"板报–□□□.docx"为文件名保存在 E:\□□□文件夹中（□□□表示学号后三位及姓名）。

1.5 电子表格 Excel 2010 实训

实训 12 电子表格的基本操作

一、实训目标

能够利用 Excel 创建电子表格文档，编辑、修改表格数据以及格式化表格。

二、实训内容

1．知识点分类练习

（1）创建表格：新建空白工作簿，在工作表 Sheet1 中自 A1 单元格始输入图 5–1 所示的数据作为表格内容。

学校：						年		月	
学号	姓名	性别	身高	体重	血压	肺活量	胸围	左	右
01301	赵冬平	女	151	37	90/50	1700	70	5	5
01302	夏英姿	女	155	46	110/60	2170	77	4.5	4.4
01303	沈家合	女	160	42	100/70	2845	76	4.7	4.8
01304	杨文浩	男	170	66	120/70	3245	82	4.2	4
01306	宋金洋	男	182	70	140/70	2920	82	5.1	5
01305	杨茹超	男	162	45	100/60	2135	80	4.9	4.3
01307	孙俊燕	男	174	45	150/90	1800	80	4.6	4.7
01308	张卓超	男	162	45	110/70	1780	78	4.1	4.3
01309	杨萌菲	女	156	49	100/60	2140	79	4.5	4.6

图 5–1 "创建表格"的内容

（2）修改表格数据：

① 将上述表格内容复制到 Sheet2 工作表中（从 A1 单元格始），并将工作表改名为"体检汇总表"；删除 Sheet3 工作表。

② 在"体检汇总表"表中将学号为"01305"及"01306"的记录互换位置。

（3）格式化表格：对"体检汇总表"完成如下操作：

① 在 A1 单元格处添加一新行，并将 A1：J1 合并单元格，输入标题"健康体检结果汇总表"，设置字体格式：隶书、20 号字、加粗、红色、中部居中。

② 将 A2：J3 中的内容设为华文行楷、14 号字，黄色底纹，水平垂直居中对齐。其余单元格均设为水平居中，紫色、淡色 60%底纹。

③ 将单元格区域 D4:E12 保留两位小数。

④ 将第一行的行高值设为 30，其余行、列均为自动调整。

⑤ 将单元格区域 A2:J12 的外边框线设置为深蓝、淡色 40%的粗实线，将内边框线设置为红色的虚线。

编辑完成后以 5-1-3-□□□.xlsx 为名保存到 E:\□□□文件夹中（□□□表示学号后三位及姓名）。最终效果如图 5-2 所示。

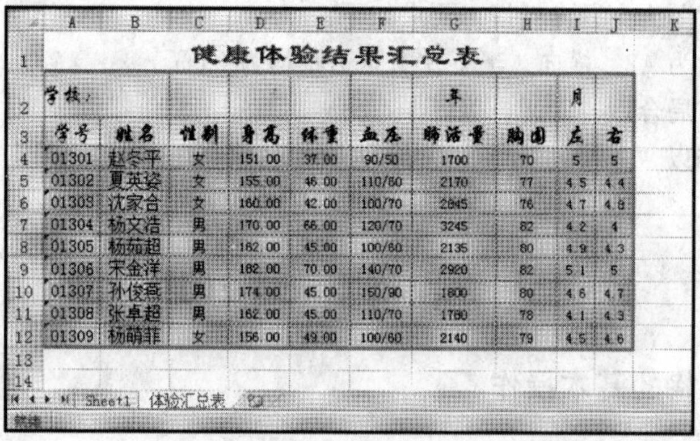

图 5-2 "格式化表格"效果图

2. 知识点综合练习

（1）打开 Excel 2010，在 Sheet1 中录入以下内容：

设 备 清 单

编　号	设 备 名 称	购 入 日 期	数　量	单价/元	经 办 人
9621-3A	打印机	1996-3-1	3	2400	翁光明
9730-2B	显示器	1997-5-8	2	1750	钱宝方
9731-2A	计算机	1997-6-20	1	3540	刘嘉明
9722-3A	扫描仪	1997-9-21	2	2970	翁光明
9753-2B	桌子	1997-10-11	8	240	周甲红
9754-3C	吸尘器	1997-11-18	2	670	吴树西
9836-2B	传真机	1998-2-14	3	1300	钱宝方

（2）"单价"列保留两位小数，并设置为货币格式：¥×××.××。设置"购入日期"列日期样式：××××年××月××日。

（3）在所有编号前面添加数字 0，设置"编号"列各单元格内容垂直、水平均居中，"设备名称"列各单元格内容为水平分散对齐。

（4）将表格标题"设备清单"设置为黑体、16 号并且合并居中，字体加粗，蓝色。

（5）表格中第一行文字（即表头）字体设为 14 号、黄色、黑体，并设为蓝底。

（6）给表格加红色边框线，外框为粗边框线，内部为细边框线。

（7）在"经办人"前面增加一列，名为"使用部门"，用文本填充的方法，前 3 个使用部门为"管理系"，后 4 个为"护理系"。

（8）用条件格式把单价大于 1 500 的数字设为蓝色、倾斜、加粗。

（9）设置各行高、各列宽为自动调整。

（10）在工作表 Sheet3 后添加工作表 Sheet4，并将 Sheet1 表中的内容复制至 Sheet4。

（11）将工作表 Sheet1 改名为"设备清单表"，并将其移动至 Sheet2 后面。

编辑完成后以 5-1-□□□.xlsx 为名保存到 E:\□□□文件夹中（□□□表示学号后三位及姓名）。最终效果如图 5-3 所示。

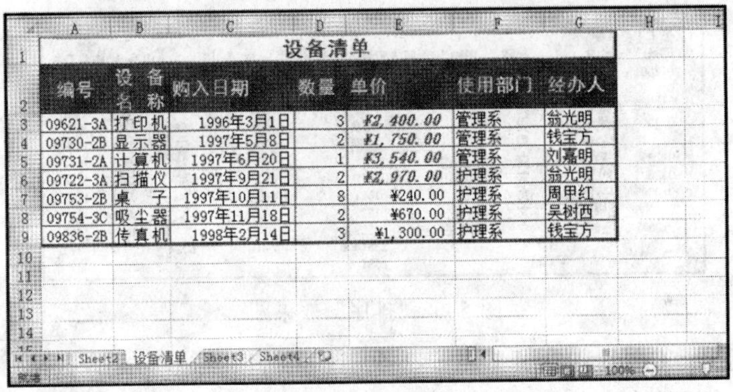

图 5-3 "电子表格基础操作"效果图

实训 13 电子表格的数据处理操作

一、实训目标

能利用公式或函数对电子表格数据进行运算；能对数据表进行排序、筛选及分类汇总。

二、实训内容

1. 知识点分类练习

（1）公式与函数计算：打开"C:\实训\Excel 素材\5-2-1.xlsx"文件。

① 填入编号内容为 012001，012002，012003，…，012010。

② 在"水电费"前增加一列"物价补贴"，物价补贴按岗位津贴的 80%发放。

③ 在"水电费"后增加一列"应发工资"，计算出"应发工资"（应发工资=基本工资+岗位津贴+物价补贴-水电费）。

④ 在表格最后增加一行，合并最后一行的"编号"、"姓名"、"性别"、"职称"单元格，并写上"合计"，其余单元格为各字段的累计值。

⑤ 在"合计"下方再增加一行，合并最后一行的"编号"、"姓名"、"性别"、"职称"单元格，并写上"平均值"，其余单元格为各字段的平均值。

编辑完成后以 5-2-1-□□□.xlsx 为名保存到 E:\□□□文件夹(□□□表示学号后三位及姓名）。最终效果如图 5-4 所示。

	A	B	C	D	E	F	G	H	I
1	员工工资单								
2	编号	姓名	性别	职称	基本工资	岗位津贴	物价补贴	水电费	应发工资
3	012001	洪国武	男	助教	1034.7	50	40	45.6	1079.1
4	012002	王桂芬	女	副教授	1478.7	90	72	56.6	1584.1
5	012003	刘德明	男	讲师	1310.2	70	56	120.3	1315.9
6	012004	刘乐宏	女	助教	1179.1	50	40	62.3	1206.8
7	012005	王小乐	女	教授	1621.3	110	88	67	1752.3
8	012006	张红艳	女	讲师	1225.7	70	56	36.7	1315
9	012007	王晓兰	女	副教授	1529.3	90	72	93.2	1598.1
10	012008	张军友	男	教授	1634.7	120	96	86	1764.7
11	012009	吴大林	男	讲师	1310.1	70	56	80.9	1355.2
12	012010	陈伟	男	讲师	1250.3	70	56	76.8	1299.5
13	合计				13574.1	790	632	725.4	14270.7
14	平均值				1357.41	79	63.2	72.54	1427.07

图 5-4　"公式与函数计算"效果图

（2）排序：打开"C:\实训\Excel 素材\5-2-2.xlsx"文件，按"性别"字段进行升序排序。编辑完成后以 5-2-2-□□□.xlsx 为名保存到 E:\□□□文件夹（□□□表示学号后三位及姓名）。最终效果如图 5-5 所示。

	A	B	C	D	E	F	G	H	I
1	员工工资单								
2	编号	姓名	性别	职称	基本工资	岗位津贴	物价补贴	水电费	应发工资
3	012001	洪国武	男	助教	1034.7	50	40	45.6	1079.1
4	012003	刘德明	男	讲师	1310.2	70	56	120.3	1315.9
5	012008	张军友	男	教授	1634.7	120	96	86	1764.7
6	012009	吴大林	男	讲师	1310.1	70	56	80.9	1355.2
7	012010	陈伟	男	讲师	1250.3	70	56	76.8	1299.5
8	012002	王桂芬	女	副教授	1478.7	90	72	56.6	1584.1
9	012004	刘乐宏	女	助教	1179.1	50	40	62.3	1206.8
10	012005	王小乐	女	教授	1621.3	110	88	67	1752.3
11	012006	张红艳	女	讲师	1225.7	70	56	36.7	1315
12	012007	王晓兰	女	副教授	1529.3	90	72	93.2	1598.1
13	合计				13574.1	790	632	725.4	14270.7
14	平均值				1357.41	79	63.2	72.54	1427.07

图 5-5　"排序"效果图

（3）筛选：打开"C:\实训\Excel 素材\5-2-3.xlsx"文件，按顺序处理数据：

① 在 Sheet1 中筛选出水电费超过 70 元的男职工记录，把结果保存到 Sheet2 中。

② 在 Sheet1 中筛选出应发工资高于 1 300 元的男讲师，把结果保存到 Sheet3 中。

编辑完成后以 5-2-3-□□□.xlsx 为名保存到 E:\□□□文件夹(□□□表示学号后三位及姓名）。最终效果如图 5-6 所示。

	A	B	C	D	E	F	G	H	I
1	员工工资单								
2	编号	姓名	性别	职称	基本工资	岗位津贴	物价补贴	水电费	应发工资
3	012003	刘德明	男	讲师	1310.2	70	56	120.3	1315.9
4	012008	张军友	男	教授	1634.7	120	96	86	1764.7
5	012009	吴大林	男	讲师	1310.1	70	56	80.9	1355.2
6	012010	陈伟	男	讲师	1250.3	70	56	76.8	1299.5

Sheet1　Sheet2　Sheet3

	A	B	C	D	E	F	G	H	I
1	员工工资单								
2	编号	姓名	性别	职称	基本工资	岗位津贴	物价补贴	水电费	应发工资
3	012003	刘德明	男	讲师	1310.2	70	56	120.3	1315.9
4	012009	吴大林	男	讲师	1310.1	70	56	80.9	1355.2

Sheet1　Sheet2　Sheet3

图 5-6　"筛选"效果图

（4）分类汇总：打开"C:\实训\Excel 素材\5-2-4.xlsx"文件，复制 Sheet1 至 Sheet1（2）。在工作表 Sheet1 中分类汇总统计各种职称的平均基本工资、平均水电费、平均应发工资，并把 Sheet1 重命名为"分类汇总"。

编辑完成后以 5-2-4-□□□.xlsx 为名保存到 E:\□□□文件夹（□□□表示学号后三位及姓名）。最终效果如图 5-7 所示。

图 5-7 "分类汇总"效果图

2．知识点综合练习

打开"C:\实训\Excel 素材\5-2.xlsx"文件，按顺序完成如下操作：

（1）对工作表"利润表"进行如下设置，最终效果如图 5-8 所示：

① 利用公式或函数计算各种药品的"销售利润"【注：销售利润=(卖出价-成本价)×销售数量】，分别填入 F2:F16 单元格区域，并将结果应用货币式样￥，保留两位小数。

② 用公式或函数分别统计"销售数量"及"销售利润"之和，将结果分别填入 C17 及 F17 单元格中。

③ 在第一行插入一空行，将 A1:G1 合并单元格并添加标题：药品销售利润表，标题居中，字体格式设置：华文行楷、加粗、22 号、蓝色；所有单元格水平方向和垂直方向都居中。

④ 设置单元格区域 A3:G17 边框上、下线为红色双线。

⑤ 将表中的记录按销售利润从高到低重新排列。

图 5-8 "利润表"效果图

（2）将"利润表"中的 A2:C17 区域复制到工作表 Sheet1 中的 A1 单元格起的区域并将工作表名改为"筛选表"。

（3）在"筛选表"中挑出销售数量在 100~300（包括 100 和 300）之间的记录，并将筛选结果复制到 A20 开始的位置。最终效果如图 5-9 所示。

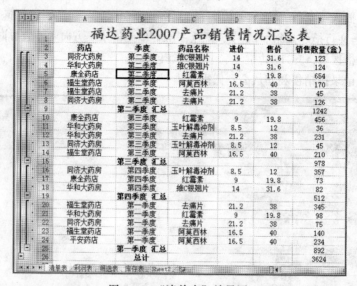

编号	药品名称	销售数量(盒)
010	云南白药	680
011	感康片	300
015	肠虫清	280
002	维C银翘片	234
003	去痛片	120
014	肠胃康胶囊	420
012	枇杷止咳糖浆	250
001	红霉素	150
009	板蓝根冲剂	100
004	感冒灵	172
006	玉叶解毒冲剂	45
007	云香精	98
005	阿莫西林	62
008	急支糖浆	23
013	小儿感冒冲剂	99
编号	药品名称	销售数量(盒)
011	感康片	300
015	肠虫清	280
002	维C银翘片	234
003	去痛片	120
012	枇杷止咳糖浆	250
001	红霉素	150
009	板蓝根冲剂	100
004	感冒灵	172

图 5-9 "筛选表"效果图

（4）在"清单表"中统计各季度药品销售数量之和。

（5）删除工作表 Sheet2，最终效果如图 5-10 所示。

药店	季度	药品名称	进价	售价	销售数量(盒)
同济大药房	第二季度	维C银翘片	14	31.6	123
华和大药房	第二季度	维C银翘片	14	31.6	124
康全药店	第二季度	红霉素	9	19.8	654
福生堂药店	第二季度	阿莫西林	16.5	40	170
福生堂药店	第二季度	去痛片	21.2	38	45
同济大药房	第二季度	去痛片	21.2	38	126
	第二季度 汇总				1242
康全药店	第三季度	红霉素	9	19.8	456
华和大药房	第三季度	玉叶解毒冲剂	8.5	12	36
华和大药房	第三季度	去痛片	21.2	38	231
同济大药房	第三季度	玉叶解毒冲剂	8.5	12	45
福生堂药店	第三季度	阿莫西林	16.5	40	210
	第三季度 汇总				978
同济大药房	第四季度	玉叶解毒冲剂	8.5	12	357
康全药店	第四季度	红霉素	9	19.8	73
华和大药房	第四季度	维C银翘片	14	31.6	82
	第四季度 汇总				512
福生堂药店	第一季度	去痛片	21.2	38	345
华和大药房	第一季度	红霉素	9	19.8	98
同济大药房	第一季度	去痛片	21.2	38	75
福生堂药店	第一季度	阿莫西林	16.5	40	140
平安药店	第一季度	阿莫西林	16.5	40	234
	第一季度 汇总				892
	总计				3624

福达药业2007产品销售情况汇总表

图 5-10 "清单表"效果图

编辑完成后以 5-2-□□□.xlsx 为名保存到 E:\□□□文件夹中（□□□表示学号后三位及姓名）。

实训 14　电子表格的图表操作

一、实训目的

能够按要求利用数据表中的数据制作图表，并对图表进行格式化设置。

二、实训内容

1. 知识点分类练习

（1）创建图表：打开"C:\实训\Excel 素材\5-3-1.xlsx"文件。

① 在 Sheet1（2）中以"姓名"和"基本工资"建立一个三维簇状柱形图。最终效果如图 5-11 所示。

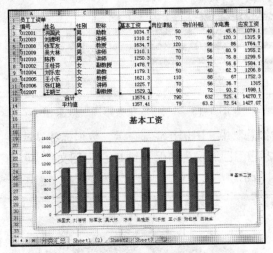

图 5-11　"三维簇状柱形图"效果图

② 在工作表"分类汇总"中以各职称的基本工资汇总数据创建一个饼图，要求其"数据标签"为"百分比"。最终效果如图 5-12 所示。

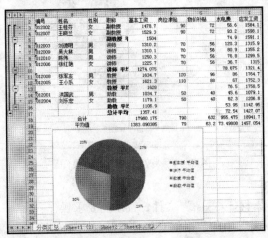

图 5-12　"饼图"效果图

编辑完成后以 5-3-1-□□□.xlsx 为名保存到 E:\□□□文件夹中（□□□表示学号后三位及姓名）。

（2）格式化图表：打开"C:\实训\Excel 素材\5-3-2.xlsx"文件。

① 在 Sheet1（2）中，给图表更改标题为"职工基本工资图表"，更改图表类型为"三维簇状条形图"，横坐标轴的主要刻度单位为 500。最终效果如图 5-13 所示。

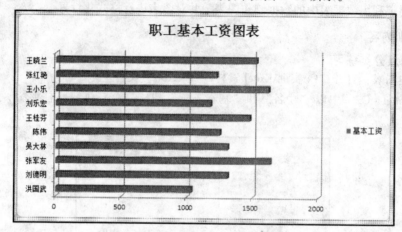

图 5-13 "三维簇状条形图"效果图

② 在工作表"分类汇总"中，图例在底部显示，数据标签显示值，位置为于标签外。

编辑完成后以 5-3-2-□□□.xlsx 为名保存到 E:\□□□文件夹（□□□表示学号后三位及姓名）。最终效果如图 5-14 所示。

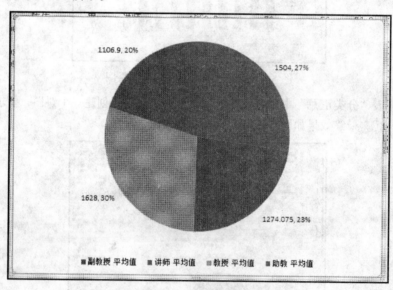

图 5-14 "改变图例"效果图

2. 知识点综合练习

打开"C:\实训\Excel 素材\5-3.xlsx"文件，按下列要求操作：

（1）选取"销售数据表"中的数据创建一个簇状柱形图的图表，以"二月图表"为名作为一新的工作表插入，如图 5-15 所示。

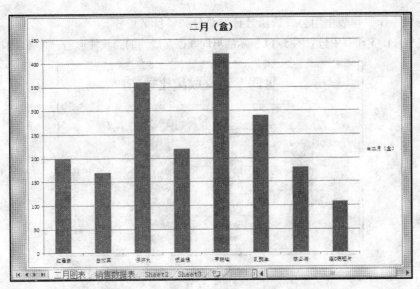

图 5-15 "二月图表"效果图

（2）将图表标题的格式设置为楷体、加粗、24 号、红色，将图例置于底部，将图表区的背景图案设置为白色大理石的填充效果。

（3）设置图表中的数据标签为"显示值"。

（4）给图表添加一、三月份的销售量，并将图表标题改为"第一季度销量图"，工作表改名为"第一季度图表"。

编辑完成后以 5-3-□□□.xlsx 为名保存到 E:\□□□文件夹（□□□表示学号后三位及姓名）。最终效果如图 5-16 所示。

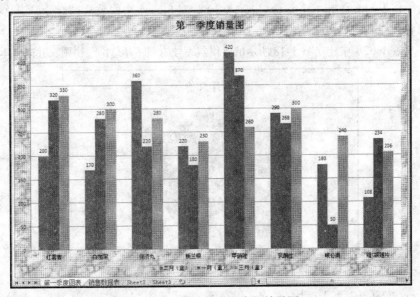

图 5-16 "第一季度图表"效果图

3. Excel 综合实训（初级）

打开"C:\实训\Excel 素材\综合实训（初）"文件夹中的 Excel 文档 excel1.xlsx，完成以下操作：

（1）在 Sheet1 工作表中用公式或函数计算总分和科目平均分。

（2）在 Sheet1 工作表中建立图 5-17 所示的男同学语文成绩的簇状柱形图，并嵌入本工作表中。

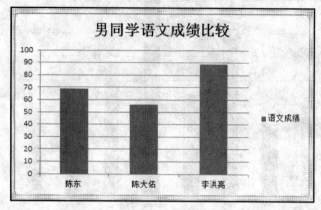

图 5-17 "男同学语文成绩比较"效果图

（3）以 excel1-□□□.xlsx 为文件名，保存到 E:\□□□文件夹中（□□□表示学号后三位及姓名）。

4. Excel 综合实训（中级）

（1）打开 "C:\实训\Excel 素材\综合实训（中）" 文件夹中的 excel 文档 excel2.xlsx。

（2）在 "库存总价" 左边插入一列："库存"，并输入各仪器的库存，依次为 38、45、60、15、5、52。

（3）利用公式或函数求每个仪器的库存总价（库存总价=单价*库存）。以库存总价为关键字，按递减方式排序。

（4）为工作表 Sheet1 作一个备份 sheet1（2），对 Sheet1 中的数据进行分类汇总：按仪器名称分别求出各仪器名的平均库存。

（5）在 Sheet1（2）中建立图 5-18 所示的各仪器编号的 "库存总价" 饼图，并嵌入本工作表中。

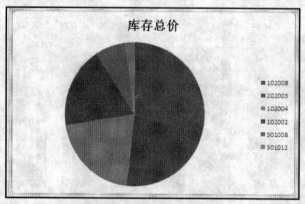

图 5-18 "库存总价"效果图

（6）以 excel2-□□□.xlsx 为文件名，保存到 E:\□□□文件夹（□□□表示学号后三位及姓名）。

5. Excel 综合实训（高级）

（1）打开 "C:\实训\Excel 素材\综合实训（高）" 文件夹的 "学生成绩单.xlsx" 文件：

学生成绩单

学 号	姓 名	性 别	班 级	大学英语	普通物理	机械制图
1001	宋大刚	男	一班	50	61	60
2001	黄惠惠	女	二班	87	88	82
2002	翁光明	男	二班	92	91	95
1002	钱宝方	男	一班	65	60	69
3001	钱旭亮	男	三班	77	73	76
4001	吴树西	男	四班	99	95	90
2003	周甲红	女	二班	62	65	67
1003	叶秋阳	男	一班	85	90	82
5001	方昌霞	女	五班	73	81	80
各科成绩最高分						
各科成绩最低分						
不及格人数						
各科及格率（%）						
各科优秀率（%）						

（2）在表格后面增加"总分"和"平均分"列，求出各同学的总分和平均分（一律保留两位小数）

（3）按"班级"降序排列，如果班级相同，则按"总分"降序排列。

（4）用条件格式将各科成绩中不及格的分数用红色、倾斜字体显示。

（5）在平均分后面增加一列，根据平均分用 IF 函数求出每个学生的成绩等级；等级用字母表示：平均分 60 分以下为 D；平均分 60 分以上（含 60 分）、75 分以下为 C；平均分 75 分以上（含 75 分）、90 分以下为 B；平均分 90 分以上（含 90 分）为 A。

（6）将等级为 A 的同学名单筛选出来，并复制到 Sheet2 中，并将 Sheet2 命名为"A 等名单"，将工作表 Sheet1 恢复原样。

（7）按性别分别求男女同学各门功课的平均分，把结果保存到 Sheet3 中，并将 Sheet3 改名为"各课程平均分"。

（8）在 Sheet1 中取消分类汇总。

（9）在 Sheet1 中用公式或函数将其余各项指标统计出来（成绩≥60 为及格，成绩≥90 为优秀），并给表格加上黑色细框线。

（10）在 Sheet1 中以"学号"和"总分"建立一个柱型图，置于表的下方，并把图表标题改为"各学生分数对照"。

（11）设置纸张大小为 A4 纸，横放，缩放比例为 105%。

（12）设置页边距上、下、左、右均为 2 cm，并水平居中。

（13）设置页眉为"学生成绩统计表"并居中显示，页脚为"第 X 页，共 Y 页"的样式（X 和 Y 可根据具体情况变化）。

（14）以 excel3-□□□.xlsx 为文件名，保存到 E:\□□□文件夹（□□□表示学号后三位及姓名）。

1.6 演示文稿 PowerPoint 2010 实训

实训 15 PowerPoint 2010 基础操作

一、实训目的

（1）熟悉 PowerPoint 2010 软件界面。

（2）能熟练创建、打开、保存 pptx 文档。

（3）能熟练编辑、排版幻灯片及其内容（开始、插入、设计）。

二、实训内容

（1）新建空白演示文稿，幻灯片大小设置为"全屏显示 4:3"。

（2）第 1 张幻灯片的版式为"标题幻灯片"，并将内容设置如下：

① 主标题："国际护士节"，华文行楷、80 号、红色。

② 副标题："制作者：□□□"，隶书、36 号、蓝色、加粗（注：□□□为学生姓名）。

③ 插入剪贴画："护士"及声音文件"C:\实训\PPT 素材\背景音乐.mp3"。

④ 调整各个对象的位置，如图 6-1 所示。

（3）插入新幻灯片，版式为"标题和内容"，如图 6-2 所示：

① 标题："5.12.护士节"，华文琥珀，66 号，黄色。

② 内容分级：如图 6-2 所示。

图 6-1 第 1 张幻灯片效果图

③ 项目符号：一级为"◆"，红色；二级为"☺"，大小为 200%，蓝色。

④ 将本张幻灯片应用"行云流水"设计主题。

（4）复制第 2 张幻灯片的副本作为第 3 张幻灯片。

（5）将第 3 张幻灯片的版式改为"两栏内容"，在右侧内容栏中插入图片"PPT 素材\奖章.JPG"，并将图片样式设置为"金属相框"，如图 6-3 所示。

（6）在第 3 张幻灯片之后插入演示文稿"C:实训\PPT 素材\样张.pptx"（保留源格式）。

（7）设置所有幻灯片页脚：护理系，有更新日期和幻灯片编号。

（8）将演示文稿以"护士节基础.pptx"为文件名保存于 E:\□□□文件夹中。

图 6-2 第 2 张幻灯片效果图

图 6-3 第 3 张幻灯片效果图

三、拓展应用

请根据实训 15 的主题，恰当地利用文字、图片等素材（可以用现有的，也可以另收集素材）将演示文稿的内容修改、补充完整或重新设计和制作。

要求：演示文稿主题突出，文字描述恰当，版面布局合理，美观，素材选择得当，页面赏心悦目。

实训 16　PowerPoint 2010 幻灯片动感及放映效果制作

一、实训目的

（1）能熟练地对幻灯片设置链接、动画、切换效果（切换、动画）。

（2）能正确地设置幻灯片放映效果。

（3）能正确地打包及保存放映格式文档。

二、实训内容

打开"C:\实训\PPT 素材\hsj.pptx"演示文稿，完成如下操作：

（1）在第 1 张幻灯片中添加声音文件"PPT 素材\背景音乐.mp3"，并设置动画效果：与上一动画同时开始，在第 2 张幻灯片后停止播放。

（2）将第 2 张幻灯片的文本内容设置动画效果：按段落淡出、单击时开始、持续时间 2 s；动作按钮的动画效果：擦除、在上一动画之后 2 s 启动，持续时间 3 s。

（3）将第 2 张幻灯片中的文字分别链接到相应的幻灯片。

（4）在 3~5 张幻灯片中插入动作按钮：自定义，高 2 cm、宽 3 cm，黄色底纹（填充色），添加文字"返回"、32 号字、红色。将动作按钮设置链接到第 2 张幻灯片。

（5）将最后一张幻灯片中的文字"广西卫生职业技术学院"设置超链接至网址：http://www.gxwzy.com.cn，屏幕提示：这是一个热情洋溢的学校。

（6）给第 1 张幻灯片设置切换效果：菱形形状，持续时间 3 s，自动换片时间 10 s；给第 2 张幻灯片设置切换效果：分割，持续时间 2 s，单击鼠标时换片。

（7）设置幻灯片的自定义放映：名称为"修正顺序"，播放顺序：1、6、3、5。

（8）将修改后的演示文稿以"护士节动感.pptx"为文件名保存于 E:\□□□文件夹中。

（9）将保存后的"护士节动感.pptx"打包至 E:\FY\□□□文件夹中，并另存为.ppsx 放映格式文档。

三、拓展应用

请根据你对实训 16"hsj.pptx"演示文稿主题的理解，自行设计、修改、完善幻灯片的内容、动画、链接、切换等效果，并以"护士节总结□□□.pptx"为文件名保存、打包、播放幻灯片，使其成为一个真正完美的演示文稿作品。

提示：突出主题，一切内容、效果的设计制作都是为突出主题，为主题内容服务的，恰当的才是最好的。

实训 17　PowerPoint 2010 综合应用

一、实训目标

（1）体验制作 PPT 作品的流程。

（2）利用 PowerPoint 2010 软件制作完整的演示文稿作品。

（3）体会好的 PPT 作品应具备的条件（元素）。

二、实训内容

请利用 PowerPoint2010 软件制作一份演示文稿作品，主题自定，如我的大学生活、我美丽的故乡、感恩……

要求如下：

（1）主题突出、内容详实，文字描述恰当，素材选择得当。

（2）版面设计美观，布局合理，内容展示清晰。

（3）恰当地运用链接、动画、切换效果突出主题内容。

（4）正确地保存、打包演示文稿，确保作品能顺利、流畅地播放。

1.7 数据库 Access 2010 实训

实训 18　Access 数据库的创建

一、实训目的

（1）掌握启动与退出的方法。

（2）掌握创建 Access 数据库的方法。

（3）掌握对象的浏览、视图区的变化。

二、实训内容

（1）在 E 盘中创建□□□的文件夹（□□□为自己学号的后三位及姓名）。

（2）在□□□文件夹中创建名为□□□的空数据库文件。

（3）在□□□文件夹中，利用样本模板创建"罗斯文.accdb"示例数据库，并做如下操作：

① 在导航空格中选择"对象类型"浏览类别，然后依次选择表、查询、窗体、报表、宏和模块对象，观察各对象组成所包含的对象。

② 以不同视图打开不同对象，观察了解视图区的变化。

③ 打开"员工"表，查看有几条记录，即有几位员工。

④ 打开"订单"表，查看有几份订单。

⑤ 打开"客户"表，查看有几位客户。

⑥ 选择"查询"对象，打开"销量居前十位的订单"，找出销量居前 3 位的订单。

⑦ 选择"窗体"对象，打开"员工列表"窗体，查看各员工的电子邮件地址。

⑧ 选择"报表"对象，打开"年度销售报表"报表，单击"预览"按钮查看该报表。

⑨ 关闭数据库。

实训 19　Access 数据表的创建与修改

一、实训目的

（1）掌握创建数据表的方法，重点掌握用设计视图创建表的方法。

（2）掌握数据表结构的修改。

（3）掌握数据表数据的输入和修改的方法。

二、实训内容

（1）在E盘中创建□□□文件夹（□□□表示学生学号后三位及姓名）并打开。

（2）运用表模板创建名为“任务”的数据表。

（3）使用表的“设计视图”创建“学生档案表”数据表，并设“学号”字段为主键。“学生档案表”结构如表7-1所示。

表7-1 “学生档案表”结构

字段名称	数据类型	字段属性	
专业	文本	字段大小	20
班别	文本	字段大小	20
学号	文本	字段大小	11
姓名	文本	字段大小	10
性别	查阅向导	字段大小	1
民族	文本	字段大小	10
籍贯	文本	字段大小	20
出生日期	日期/时间	格式	长日期
身高	数字	格式	长整型
体重	数字	格式	单精度型

（4）在“学生档案表”数据表中，输入图7-1所示的记录。

专业	班别	学号	姓名	性别	民族	籍贯	出生日期	身高	体重
护理	护理1202	0101120201	蔡林	男	瑶族	广西柳州	1994年6月30日	167	51
检验	检验1201	0102120114	蔡卓燕	女	汉族	云南昆明	1995年8月9日	157	49
护理	护理1202	0101120215	陈佳华	男	壮族	广西百色	1994年9月8日	163	46
护理	护理1202	0101120205	陈巧恩	女	满族	广州	1994年10月30日	157	56
检验	检验1202	0102120215	迪丽热巴	女	维吾尔族	新疆乌鲁木齐	1995年6月22日	167	56
护理	护理1201	0101120108	范兵兵	女	瑶族	广西柳州	1995年11月27日	153	49
护理	护理1201	0101120115	郭菁菁	女	壮族	广西百色	1994年9月28日	153	46
检验	检验1201	0102120105	何云诗	男	瑶族	广西柳州	1994年6月7日	169	54
检验	检验1202	0102120208	贺本	男	汉族	广西柳州	1994年6月18日	180	69
检验	检验1202	0102120204	赫舍里	男	满族	上海	1995年3月7日	170	60
护理	护理1201	0101120107	黄小明	男	汉族	广西柳州	1994年8月22日	165	48
护理	护理1202	0101120212	吉日嘎朗	男	蒙古族	内蒙古呼和浩特	1994年2月6日	179	61
护理	护理1202	0101120208	姜若影	女	朝鲜族	上海	1996年2月11日	160	45
护理	护理1201	0101120106	金晓清	男	朝鲜族	吉林长春	1995年2月3日	167	55
检验	检验1201	0102120113	金星儿	女	朝鲜族	吉林长春	1994年6月23日	179	55
检验	检验1201	0102120110	黎若童	女	瑶族	广西南宁	1995年4月6日	159	54

图7-1 “学生档案”记录

（5）打开“学生档案表”，在设计视图中作如下操作：

① 用拖动的方法将出生日期字段移动到性别字段后面。

② 用剪切/粘贴的方法将婚否字段移动到“党/团员”字段前面（需先插入一空行）。

③ 删除民族与籍贯字段，再撤销删除（能撤销前面几次的删除？）。

④ 将“身高”字段改名为“身高（CM）”。

⑤ 关闭数据表。

（6）打开“学生档案表”，在数据视图中作如下操作：

① 删除“体重”字段（还能撤销删除吗？）。

② 将“籍贯”字段移动到性别字段后面（切换到设计视图查看其中的字段顺序有无改变，

再切换回数据表视图）。

③ 隐藏"性别"、"籍贯"两列字段，然后取消隐藏。

④ 冻结"学号"、"姓名"两字段，然后拖动水平滚动条，观察字段移动与原来有何不同。

⑤ 将所有的列宽调整至最佳匹配。

⑥ 设置字体、数据表，对表的外观进行修饰。

⑦ 按学生"出生日期"的降序对记录进行排序。

⑧ 删除姓名是"贺本"的记录。

（7）关闭数据库后，将数据库上交。

实训 20 Access 查询的创建与修改

一、实训目的

（1）掌握创建查询的方法，重点掌握用设计视图创建查询的方法。

（2）掌握查询条件的设置。

（3）掌握在查询中的计算。

二、实验内容

（1）在 E 盘中创建□□□文件夹（□□□表示学生学号后三位及姓名，若已经创建，请直接打开）并打开。

（2）选择"表"对象，导入"C:\实训\Access 素材"中的"成绩表.DBF"、"课表.DBF"、"学生档案表.DBF"这 3 个数据表。

（3）分别设置"成绩表"和"学生档案表"中的"学号"字段为主关键字。

（4）通过"学号"字段，创建"成绩表"和"学生档案表"的关系。

（5）利用简单查询向导建立一个查询，名为"学生成绩"，查询的字段包括"学生档案表"中的"学号"、"姓名"、"专业"及学生"成绩表"中的"计算机"、"解剖"、"英语"。

（6）用设计视图建立一个查询：

① 查询字段包括"学生档案表"中的"姓名"及"成绩表"中的"计算机"、"解剖"、"医学心理学"。

② 在查询设计视图中新建计算字段"平均分"，用于统计每个学生的成绩平均分。

③ 按平均分由高到低对记录进行排序。

④ 在数据表视图中检查正确后将该查询以"平均分"为名保存。

（7）利用简单查询向导为"课表"表建立名为"课时数统计"的汇总查询，包含"授课班级"和"课时"两个字段，汇总出每个班级有多少课时。

（8）利用简单查询向导为"学生成绩"查询建立一个汇总查询，名为"班别平均分"，要求查询结果如图 7-2 所示。

班别	计算机平均分	解剖平均分	英语平均分
护理1201	83.2	93.3333333333	77.5333333333
护理1202	80.4	89.3333333333	78.1333333333
检验1201	82.4	89.6	84.7333333333
检验1202	80.7333333333	88.5333333333	80.6

图 7-2 "班级平均分"查询数据表视图

（9）打开"学生成绩"，在查询设计视图中修改此查询，要求查询出"英语"、"计算机"成绩都在80分以上（包括80分）或者"解剖"成绩在90分以上（包括90分）的学生的记录。在数据表视图中检查正确后同名保存此查询。

（10）关闭数据库后，将数据库上交。

第二部分 理论习题及答案

理 论 习 题

2.1 计算机基础知识

1. 计算机的应用范围广、自动化程度高是由于（　　）。
   - A. 设计先进，元件质量高
   - B. CPU 速度快，功能强
   - C. 内部采用二进制方式工作
   - D. 采用程序控制工作方式
2. 计算机中的数据是指（　　）。
   - A. 一批数字形式的信息
   - B. 一个数据分析
   - C. 程序、文稿、数字、图像、声音等信息
   - D. 程序及其有关的说明资料
3. 公司里使用计算机计算、管理工资，是属于计算机的（　　）应用领域。
   - A. 科学计算
   - B. 辅助设计
   - C. 数据处理
   - D. 实时控制
4. 计算机用于教学和训练，称为（　　）。
   - A. CAD
   - B. CAPP
   - C. CAI
   - D. CAM
5. 以二进制和控制为基础的计算机结构是由（　　）最早提出来的。
   - A. 布尔
   - B. 巴贝奇
   - C. 冯·诺依曼
   - D. 图灵
6. 第一台电子数字计算机 ENIAC 诞生于（　　）年。
   - A. 1927
   - B. 1936
   - C. 1946
   - D. 1951
7. 微型计算机的发展是以（　　）技术为标志。
   - A. 操作系统
   - B. 微处理器
   - C. 高级语言
   - D. 内存
8. 个人计算机属于（　　）。
   - A. 大型计算机
   - B. 中型计算机
   - C. 小型计算机
   - D. 微型计算机
9. CAD 的含义是（　　）。
   - A. 计算机科学计算
   - B. 办公自动化
   - C. 计算机辅助设计
   - D. 计算机辅助教学
10. 计算机部采用（　　）数字进行计算。
    - A. 二进制
    - B. 八进制
    - C. 十进制
    - D. 十六进制
11. 下列数据中，有可能是八进制的是（　　）。
    - A. 408
    - B. 677
    - C. 659
    - D. 802
12. 十进制数 257 转换成二进制数是（　　）。

A. 11101110   B. 11111111   C. 100000001   D. 100000011

13. 十进制数 56 转换成二进制数是（   ）。
    A. 111000   B. 111001   C. 101111   D. 11011

14. 二进制数 1011001 转换成十进制数是（   ）。
    A. 83   B. 81   C. 89   D. 79

15. 二进制数 1101 转换成十进制数是（   ）。
    A. 10   B. 11   C. 12   D. 13

16. 十六进制数 2A3C 转换成十进制数是（   ）。
    A. 10820   B. 16132   C. 10812   D. 11802

17. 下列 4 个不同的进制数中，最小的是（   ）。
    A. 二进制数 1011011   B. 八进制数 133
    C. 十六进制数 5A   D. 十进制数 91

18. 在计算机中，英文字符的比较就是比较它们的（   ）。
    A. 大小写值   B. 输出码值   C. 输入码值   D. ASCII 码值

19. 英文字母 A 的 ASCII 码值为十进制数 65，英文字母 E 的 ASCII 码值为十进制数（   ）。
    A. 67   B. 68   C. 69   D. 70

20. 下列描述中，正确的是（   ）。
    A. 1 KB=1 000 B   B. 1 MB=1 024 KB
    C. 1 KB=1 024 MB   D. 1 GB=1 000 MB

21. 存储器存储容量的基本单位是（   ）。
    A. 字   B. 字节   C. 位   D. 千字节

22. 在计算机中，CPU 访问速度最快的存储器是（   ）。
    A. 光盘   B. 内存储器   C. U 盘   D. 硬盘

23. 一个完整的计算机系统包括（   ）两大部分。
    A. 主机和外围设备   B. 硬件系统和软件系统
    C. 硬件系统和操作系统   D. 指令系统和系统软件

24. 微机中运算器的主要功能是进行（   ）运算。
    A. 算术   B. 逻辑   C. 算术和逻辑   D. 函数

25. 关于输入设备不正确的说法是（   ）。
    A. 扫描仪将图形信息转换为 0、1 数码串
    B. 键盘可以输入数字、文字符号和图形
    C. 鼠标器将用户操作信息转换成 0、1 代码串并传给计算机
    D. 数码照相机将景物图像转换成数字信号存储

26. 计算机主（内）存储器一般是由（   ）组成。
    A. ROM   B. RAM   C. ROM 和 RAM   D. RAM 和硬盘

27. CPU 是计算机的核心部件，它能（   ）。
    A. 正确高效地执行预先安排的命令
    B. 直接为用户解决各种实际问题
    C. 直接执行用任何高级语言编写的程序
    D. 完全决定整个微机系统的性能

28. 用高级语言编写的程序（   ）。

    A. 只能在某种型号的计算机上执行

    B. 无需经过编译或解释，即可被计算机直接执行

    C. 具有通用性和可移性

    D. 几乎不占用内存空间

29. 计算机的基本指令由（   ）两部分构成。

    A. 操作码和操作数地址码   B. 操作码和操作数

    C. 操作数和地址码   D. 操作指令和操作数

30. 以下关于计算机指令的说法中，不正确的是（   ）。

    A. 计算机所有基本指令的集合构成了计算机的指令系统

    B. 不同指令系统的计算机的软件相互不能通用是因为基本指令的条数不同

    C. 加、减、乘、除四则运算是每一种计算机都具有的基本指令

    D. 用不同程序设计语言编写的程序都要转换为计算机的基本指令才能执行

31. 软件包括（   ）。

    A. 程序和指令   B. 程序和文档   C. 命令和文档   D. 算法及数据结构

32. 最基础最重要的系统软件是（   ），缺少它，计算机系统无法工作。

    A. 编辑程序   B. 操作系统   C. 语言处理程序   D. 应用软件包

33. 计算机能直接执行由（   ）编写的程序。

    A. 机器语言   B. 汇编语言   C. C 语言   D. 高级语言

34. CPU 是计算机的核心，它是由（   ）组成的。

    A. 运算器和控制器   B. 内存和外存

    C. 输入设备和输出设备   D. 运算器和存储器

35. 计算机的中央处理器只能直接调用（   ）中的数据。

    A. 硬盘   B. 内存   C. 光盘   D. U 盘

36. 应用软件是指（   ）。

    A. 所有能够用的软件   B. 所有计算机都要用的软件

    C. 能被各单位共同使用的软件   D. 针对各类应用的专门问题而开发的软件

37. 解释程序的功能（   ）。

    A. 将高级语言程序转换为目标程序

    B. 解释执行高级语言程序

    C. 将汇编语言程序转换为目标程序

    D. 解释执行汇编语言程序

38. 微型计算机的主机通常由（   ）组成。

    A. 显示器、机箱、键盘和鼠标

    B. 机箱、输入设备和输出设备

    C. 运算控制单元、内存储器及一些配件

    D. 硬盘、软盘和内存

39. 微机的接口卡位于（   ）之间。

A．CPU 与内存　　　　B．内存与总线　　　C．CPU 与外围设备　　　D．外围设备与总线

40. 下列显示器的分辨率最高的是（　　　）。

A．300×200　　　　B．600×350　　　　C．640×480　　　　D．1024×768

41. 显示器的分辨率高低表示（　　　）。

A．在同一字符面积下，像素点越多，分辨率越低

B．在同一字符面积下，像素点越多，显示的字符越不清晰

C．在同一字符面积下，像素点越多，分辨率越高

D．在同一字符面积下，像素点越少，字符的分辨效果越好

42. 运算器的核心部件是（　　　）和若干高速寄存器。

A．乘法器　　　　B．除法器　　　　C．减法器　　　　D．加法器

43. 下列描述中，正确的是（　　　）。

A．激光打印机是击打式打印机

B．针式打印机的打印速度最快

C．喷墨打印机的打印质量高于针式打印机

D．喷墨打印机的价格比较昂贵

44. 按【Ctrl + Alt + Del】组合键，则是对系统进行（　　　）操作。

A．热启动　　　　B．冷启动　　　　C．复位启动　　　　D．停电

45. 键盘上英文字母的大小写切换键是（　　　）。

A．【Shift】　　　　B．【Ctrl】　　　　C．【Delete】　　　　D．【Caps Lock】

46. 左手食指在键盘上的基准键是（　　　）。

A．【D】　　　　B．【F】　　　　C．【G】　　　　D．【J】

47. 对于硬盘驱动器，（　　　）说法是错误的。

A．内部封装刚性硬盘，不会破碎，搬运时不必像显示器那样注意避免振动

B．耐震性差，要避免振动

C．内部封装多张盘片，存储容量比光盘大得多

D．不易损坏，数据可永久保留

48. 光驱的倍数越大，（　　　）。

A．数据传输速度越快　　　　　　　B．纠错能力越强

C．所能读取光盘的容量越大　　　　D．播放 DVD 效果越好

49. 硬盘中的数据需（　　　）中，CPU 才能使用。

A．调入光盘　　　　B．调入 U 盘　　　　C．调入 ROM　　　　D．调入 RAM

50. 下列因素中，对微型计算机工作影响最小的是（　　　）。

A．磁场　　　　B．温度　　　　C．湿度　　　　D．噪声

51. 计算机病毒的危害性是（　　　）。

A．使硬盘发生霉变　　　　　　　　B．使计算机突然断电

C．破坏计算机的键盘　　　　　　　D．破坏计算机的软件系统或文件内容

52. 计算机病毒传染最快的途径是通过（　　　）来传播的。

A．U 盘　　　　B．硬盘　　　　C．国际互联网　　　　D．机器

53. 计算机病毒产生的原因是（　　　）。

    A. 用户程序错误   B. 计算机硬件故障

    C. 计算机软件系统有错误   D. 人为制造

54. 关于计算机病毒的叙述中，错误的是（　　　）。

    A. 计算机病毒具有破坏性和传染性   B. 计算机病毒会破坏计算机的显示器

    C. 计算机病毒是一种程序   D. 杀毒软件并不能去除所有计算机病毒

55. 计算机病毒的主要特点是（　　　）。

    A. 人为制造，手段隐蔽   B. 破坏性和传染性

    C. 可以长期潜伏，不易发现   D. 危害严重，影响面广

2.2　Windows 7 操作系统

1. 关于操作系统的作用，正确的说法是（　　　）。

    A. 与硬件的接口   B. 把源程序翻译成机器语言程序

    C. 进行编码转换   D. 控制和管理系统资源

2. Windows 7 不能实现的功能是（　　　）。

    A. 处理器管理   B. 存储管理   C. 文件管理   D. CPU 超频

3. 在计算机系统中，操作系统的主要功能不包括（　　　）。

    A. 管理系统的软硬件资源   B. 提供方便友好的用户接口

    C. 消除计算机病毒的侵害   D. 提供软件的开发与运行环境

4. Windows 7 是一种（　　　）。

    A. 工具软件   B. 操作系统   C. 字处理软件   D. 图形软件

5. 我们通常所说的"裸机"指的是（　　　）。

    A. 只装备有操作系统的计算机

    B. 未装备任何软件的计算机

    C. 计算机主机暴露在外

    D. 不带输入/输出设备的计算机

6. 操作系统的作用是（　　　）。

    A. 将源程序翻译成目标程序

    B. 控制和管理计算机系统的各种硬件和软件资源的使用

    C. 负责诊断机器的故障

    D. 负责外设与主机之间的信息交换

7. 操作系统是一种（　　　）。

    A. 应用软件   B. 系统软件   C. 工具软件   D. 调试软件

8. 操作系统是（　　　）的接口。

    A. 主机和外设   B. 系统软件和应用软件

    C. 用户和计算机硬件   D. 高级语言和机器语言

9. Windows 7 操作系统是一个（　　　）操作系统。

    A. 单用户、单任务   B. 多用户、多任务

    C. 单用户、多任务   D. 多用户、单任务

10. 以下（　　　）不是 Windows 7 桌面上固有的图标。

A. 计算机　　　　B. 网络　　　　　　C. 360 安全卫士　　　D. 回收站

11. 在 Windows 7 中如果要新增或删除程序，可在控制面板上选用（　　　）功能。

A. 管理工具　　　B. 程序和功能　　C. 性能信息和工具　　D. 系统

12. Windows 桌面图标实质上是（　　　）。

A. 程序　　　　　B. 文本文件　　　C. 快捷方式　　　　　D. 文件夹

13. 在 Windows 中删除某程序的快捷方式图标，表示（　　　）。

A. 既删除了图标，又删除了程序

B. 隐藏了图标，删除了与该程序的联系

C. 将图标存在剪贴板，同时删除了与该程序的联系

D. 只删除了图标，而没有删除该程序

14. Windows 中，复制命令的快捷键是（　　　）。

A.【Ctrl+V】　　　B.【Ctrl+C】　　　C.【Ctrl+X】　　　　D.【Ctrl+Z】

15. 在 Windows 7 中，用鼠标选中不连续的文件的操作是（　　　）。

A. 单击一个文件，然后单击另一个文件

B. 双击一个文件，然后双击另一个文件

C. 单击一个文件，然后按住【Ctrl】键单击另一文件

D. 单击一个文件，然后按住【Shift】键单击另一文件

16. Windows 7 窗口菜单命令后带有"…"，表示（　　　）。

A. 它有下级菜单　　　　　　　　B. 选择该命令可打开对话框

C. 文字太长，没有全部显示　　　D. 暂时不可用

17. 下列操作中，（　　　）操作能关闭应用程序。

A. 按【Alt+F4】快捷键

B. 右击应用程序窗口右上角的"关闭"按钮

C. 选择"文件"→"保存"命令

D. 单击任务栏上的窗口图标

18. 永久删除文件或文件夹的方法是：单击"删除"按钮或【Delete】键的同时按（　　　）键。

A.【Ctrl】　　　　B.【Shift】　　　C.【Alt】　　　　　D.【Tab】

19. 关于 Windows 7 的文件类型和关联，以下说法不正确的是（　　　）。

A. 一种文件类型可不与任何应用程序关联

B. 一种文件类型只能与一个应用程序关联

C. 一般情况下，文件类型由文件扩展名标识

D. 一种文件类型可以与多个应用程序关联

20. Windows 7 的文件夹系统采用的结构是（　　　）。

A. 树形结构　　　B. 层次结构　　　C. 网状结构　　　　　D. 嵌套结构

21. Windows 7 中选择多个不连续的文件要使用（　　　）键。

A.【Shift+Alt】　　B.【Shift】　　　C.【Shift】+单击　　　D.【Ctrl】+单击

22. 在 Windows 下，当一个应用程序窗口被最小化后，该应用程序（　　　）。

A. 终止运行　　　B. 暂停运行　　　C. 继续在后台运行　　D. 继续在前台运行

23. 在 Windows 7 的"回收站"中，存放的（　　　）。

A. 只是硬盘上被删除的文件或文件夹

B. 只能是软盘上被删除的文件或文件夹

C. 可以是硬盘或 U 盘上被删除的文件或文件夹

D. 可以是所有外存储器上被删除的文件或文件夹

24. 下列操作中能在各种输入法之间切换的是（　　）。

A.【Alt+F1】组合键　　B.【Ctrl+Space】组合键

C.【Ctrl+Shift】组合键　　D.【Shift+Space】组合键

25. 在 Windows 7 中，要改变屏保程序的设置，应首先双击“控制面板”窗口中的（　　）。

A. “显示”图标　　B. “个性化”图标

C. “系统”图标　　D. “键盘”图标

26. 在 Windows 7 中，当用户处于正常状态时，鼠标呈（　　）形。

A. 双箭头　　B. I 字　　C. 　　D. 单箭头

27. 在 Windows 7 中，一般单击指的是（　　）。

A. 迅速按下左键，并迅速放开　　B. 左键或右键各击一下

C. 按住左键不放　　D. 迅速按下右键，并迅速放开

28. Windows 7 提供了多种手段供用户在多个运行着的程序间切换。按（　　）组合键时，可在打开的各程序、窗口间进行循环切换。

A.【Alt+Ctrl】　　B.【Alt+Tab】　　C.【Ctrl+Esc】　　D.【Tab】

29. 将整个屏幕内容复制到剪贴板上，应按（　　）组合键。

A.【Print Screen】　　B.【Alt+ Print Screen】

C.【Ctrl+ Print Screen】　　D.【Ctrl+V】

30. 在搜索文件时，若用户输入*.*，则将搜索（　　）。

A. 所有含有*的文件　　B. 所有扩展名中含有*的文件

C. 所有文件　　D. 以上都不对

31. 在 Windows 7 中，任务栏的主要作用是（　　）。

A. 显示系统的开始菜单　　B. 方便实现窗口之间的切换

C. 显示正在后台工作的窗口　　D. 显示当前的活动窗口

32. 图标是 Windows 的重要元素之一，下面对图标的描述错误的是（　　）。

A. 图标可以表示文件夹

B. 图标既可以代表程序也可以代表文档

C. 图标可能是仍然在运行但窗口被最小化的程序

D. 图标只能代表某个应用程序

33. 关于 Windows 7“开始”菜单中的搜索条，以下说法正确的是（　　）。

A. 在搜索条中输入内容后按【Enter】键，搜索条才开始搜索

B. 不能搜索邮件

C. 随着用户输入进度的不同，搜索条会智能动态地在上方窗口显示相关搜索结果

D. 搜索关键字只涉及文件名，不涉及文件内容

34. Windows 7“开始”菜单的快速跳转表中，默认最多可保存用户最近用过的（　　）个文档。

A. 10　　　　　　　B. 5　　　　　　　C. 25　　　　　　　D. 20

35. 打开 Windows 7 的"资源管理器"窗口，可看到窗口分隔条将整个窗口分为导航窗格和文件夹内容窗口两大部分。导航窗格和文件夹内容窗口显示的是（　　）。

　　A. 当前盘所包含的文件，当前盘所包含的文件的内容

　　B. 当前目录和下级子目录，系统盘所包含的文件夹和文件名

　　C. 计算机的磁盘目录结构，当前文件夹所包含的文件名和下级子文件夹

　　D. 当前盘所包含的文件夹和文件名，当前盘所包含的全部文件名

36. 下面关于 Windows 7 文件复制的叙述中，错误的是（　　）。

　　A. 使用"计算机"中的"编辑"菜单进行文件复制，要经过选择、复制和粘贴

　　B. 在"计算机"中，允许将同名文件复制到同一个文件夹下

　　C. 可以按住【Ctrl】键，用鼠标左键拖放的方式实现文件的复制

　　D. 可以用鼠标右键拖放的方式实现文件的复制

37. 在 Windows 7 中，要查看 CPU 主频、内存大小和所安装操作系统等信息，最简便的方法是打开"控制面板"窗口，然后（　　）。

　　A. 单击"程序和功能"　　　　　　　B. 单击"设备管理器"

　　C. 单击"系统"　　　　　　　　　　D. 单击"显示"

38. 要减少一个文件的存储空间，可以使用工具软件（　　）将文件压缩存储。

　　A. 磁盘碎片整理程序　　　　　　　B. McAfee

　　C. Windows Media Player　　　　　D. WinRAR

39. Windows 7 的整个显示屏幕称为（　　）。

　　A. 窗口　　　　　B. 操作台　　　　　C. 工作台　　　　　D. 桌面

40. Windows 7 中包含称为"小工具"的小程序，这些小程序可以提供即时信息，以及可轻松访问常用工具的途径，以下不属于"小工具"的是（　　）。

　　A. 记事本　　　　　B. 天气　　　　　C. 日历　　　　　D. 源标题

41. 图标是 Windows 操作系统的一个重要概念，它表示 Windows 的对象，它可以指（　　）。

　　A. 文档或文件夹　　　　　　　　　B. 应用程序

　　C. 设备或其他的计算机　　　　　　D. 以上都正确

42. 在 Windows 7 中为了重新排列桌面上的图标，首先应该进行的操作是（　　）。

　　A. 右击桌面空白处　　　　　　　　B. 右击"任务栏"空白处

　　C. 右击已打开窗口的空白处　　　　D. 右击"开始"菜单空白处

43. 在 Windows 7 中，用"创建快捷方式"创建的图标（　　）。

　　A. 可以是任何文件或文件夹　　　　B. 只能是可执行程序或程序组

　　C. 只能是单个文件　　　　　　　　D. 只能是程序文件和文档文件

44. 在 Windows 7 中，"任务栏"（　　）。

　　A. 只能改变位置不能改变大小　　　B. 只能改变大小不能改变位置

　　C. 既不能改变位置也不能改变大小　D. 既能改变位置也能改变大小

45. 在 Windows 7 中，下列关于"任务栏"的叙述中，错误的是（　　）。

　　A. 可以将任务栏设置为自动隐藏

　　B. 任务栏可以移动

C. 通过任务栏上的按钮，可实现窗口之间的切换

D. 在任务栏上，只显示当前活动窗口的名称

46. 利用窗口中左上角的控制菜单图标不能实现的操作是（   ）。

    A. 最大化窗口   B. 打开窗口   C. 移动窗口   D. 最小化窗口

47. 当鼠标指针移动到窗口边框上变为（   ）时，拖动鼠标就可以改变窗口大小。

    A. 小手   B. 双向箭头   C. 四方向箭头   D. 十字

48. 在 Windows 7 中，用户同时打开的多个窗口，可以层叠、堆叠或并排显示，要想改变窗口的排列方式，应进行的操作是（   ）。

    A. 右击"任务栏"空白处，然后在弹出的快捷菜单中选取要排列的方式

    B. 右击桌面空白处，然后在弹出的快捷菜单中选取要排列的方式

    C. 打开"资源管理器"窗口，在任何打开的库面板（文件列表上方）内，选择排列方式

    D. 打开"资源管理器"窗口，在文件列表空白处右击，选择排序方式

49. 在 Windows 7 中，对同时打开的多个窗口进行层叠式排列，这些窗口的显著特点是（   ）。

    A. 每个窗口的内容全部可见   B. 每个窗口的标题栏全部可见

    C. 部分窗口的标题栏不可见   D. 每个窗口的部分标题栏可见

50. 在 Windows 7 中，当一个窗口已经最大化后，下列叙述中错误的是（   ）。

    A. 该窗口可以关闭   B. 该窗口可以移动

    C. 该窗口可以最小化   D. 该窗口可以还原

51. 在 Windows 7 环境下，实现窗口移动的操作是（   ）。

    A. 用鼠标拖动窗口中的标题栏   B. 用鼠标拖动窗口中的控制按钮

    C. 用鼠标拖动窗口中的边框   D. 用鼠标拖动窗口中的任何部位

52. 下列关于 Windows 7 对话框的叙述中，错误的是（   ）。

    A. 对话框是提供给用户和计算机对话的界面

    B. 对话框的位置可以移动，但大小不能改变

    C. 对话框的位置和大小都不能改变

    D. 对话框中可能会出现滚动条

53. 在 Windows 7 中，错误的新建文件夹的操作是（   ）。

    A. 在"资源管理器"窗口中，单击工具面板中的"新建文件夹"按钮

    B. 在 Word 程序窗口中，单击"文件"→"新建"按钮

    C. 右击资源管理器的"文件夹列表"窗口的任意空白处，在弹出的快捷菜单中选择"新建"→"文件夹"命令

    D. 在"计算机"的某驱动器或用户文件夹窗口中，选择"文件"→"新建"→"文件夹"命令

54. 下列不可能出现在 Windows 7 "资源管理器"窗口导航窗格的选项是（   ）。

    A. 计算机   B. 桌面

    C. 本地磁盘（C：）   D. 资源管理器

55. 在 Windows 7 的资源管理器导航窗格中，若显示的文件夹图标前带有 ▶ 符号，意味着该文件夹（   ）。

A. 含有下级文件夹   B. 仅含有文件

C. 是空文件夹   D. 不含下级文件夹

56. 在 Windows 7 的 "资源管理器" 窗口中，若希望显示文件的名称、类型和大小等信息，则应该选择 "查看" 菜单中的（   ）命令。

     A. 列表   B. 详细信息   C. 大图标   D. 小图标

57. 在使用 Windows 7 的过程中，不使用鼠标即可打开 "开始" 菜单的操作是按（   ）组合键。

     A. 【Shift+Ctrl】   B. 【Shift+Tab】   C. 【Ctrl+Tab】   D. 【Ctrl+Esc】

58. 在 Windows 7 中，不能用 "资源管理器" 窗口对选定的文件或文件夹进行更名操作的是（   ）。

     A. 选择 "文件" → "重命名" 命令

     B. 右击要更名的文件或文件夹，在弹出的快捷菜单中选择 "重命名" 命令

     C. 快速双击要更名的文件或文件夹

     D. 连续两次单击要更名的文件或文件夹

59. 在 Windows 中，回收站是（   ）。

     A. 内存中的一块区域   B. 硬盘上的一块区域

     C. 软盘上的一块区域   D. 高速缓存中的一块区域

60. 不能打开 "资源管理器" 窗口的操作是（   ）。

     A. 右击 "开始" 按钮

     B. 单击 "任务栏" 的空白处

     C. 选择 "开始" → "所有程序" → "附件" → "Windows 资源管理器" 命令

     D. 单击任务栏中的 图标

61. 按下鼠标左键在同一驱动器不同文件夹内拖动某一对象，结果是（   ）。

     A. 移动该对象   B. 复制该对象   C. 无任何结果   D. 删除该对象

62. 按下鼠标左键在不同驱动器的不同文件夹内拖动某一对象，结果是（   ）。

     A. 移动该对象   B. 复制该对象   C. 无任何结果   D. 删除该对象

63. "资源管理器" 窗口中的导航窗格与文件夹列表中间的分隔条（   ）。

     A. 可以移动   B. 不可以移动   C. 自动移动   D. 以上说法都不对

64. 下列关于 Windows 7 回收站的叙述中，错误的是（   ）。

     A. 回收站可以暂时或永久存放硬盘上被删除的信息

     B. 放入回收站的信息可以恢复

     C. 回收站所占据的空间是可以调整的

     D. 回收站可以存放 U 盘上被删除的信息

65. 菜单命令前带有对勾记号 "√" 则表示（   ）。

     A. 选择该命令弹出一个下拉子菜单   B. 选择该命令后出现对话框

     C. 该命令已经选用   D. 将弹出一个对话框

66. 在 Windows 7 中，呈灰色显示的菜单意味着（   ）。

     A. 该命令当前不能选用   B. 选中该命令后将弹出对话框

     C. 选择该命令后将弹出下级子菜单   D. 该命令正在使用

67. 在 Windows 7 中，为了个性化设置计算机，下列操作中正确的是（　　　）。
    A. 右击"任务栏"空白处，在弹出的快捷菜单中选择"属性"命令
    B. 右击桌面空白处，在弹出的快捷菜单中选择"个性化"命令
    C. 右击桌面空白处，在弹出的快捷菜单中选择"小工具"命令
    D. 右击"资源管理器"文件夹列表空白处，在弹出的快捷菜单中选择"属性"命令

68. 在 Windows 7 中，打开"资源管理器"窗口后，要改变文件或文件夹的显示方式，应使用（　　　）。
    A. "编辑"菜单　　B. "查看"菜单　　C. "帮助"菜单　　D. "文件"菜单

69. 在 Windows 7 默认环境中，中英文输入切换键是（　　　）。
    A.【Shift+Space】　B.【Ctrl+Space】　C.【Shift+Space】　D.【Ctrl+ Shift】

70. 在 Windows 7 默认环境中，实现全角与半角之间的切换操作的是（　　　）。
    A.【Alt+空格】　　B.【Ctrl+空格】　　C.【Shift+空格】　　D.【Ctrl+ Shift】

71. 在 Windows 7 输入中文标点符号状态下，按（　　　）键可以输出中文顿号（、）。
    A. ~　　　　　B. &　　　　　C. \　　　　　D. @

72. 文件夹存储在（　　　）位置时，不可以将其包含到库中。
    A. 外部硬盘驱动器　　　　　B. 家庭组的其他机器上
    C. C 驱动器上　　　　　D. 可移动媒体（如 CD 或 DVD）上

73. 以下选项中不属于 Windows 7 默认库的是（　　　）。
    A. 附件　　　B. 音乐　　　C. 图片　　　D. 视频

74. 文件名不能是（　　　）。
    A. 12%+3%　　B. 12-3　　C. 12*3!　　D. 1&2=0

75. 在 Windows 7 中，要更改当前计算机的日期和时间，可以（　　　）。
    A. 单击任务栏上通知区域的时间
    B. 使用"控制面板"窗口的区域和语言
    C. 使用附件
    D. 使用控制面板的系统

76. 在 Windows 7 中，为保护文件不被修改，可将它的属性设置为（　　　）。
    A. 只读　　　B. 存档　　　C. 隐藏　　　D. 系统

77. 以下选项中，不是"附件"菜单中应用程序的是（　　　）。
    A. 写字板和记事本　　　　　B. 录音机
    C. 便笺　　　　　D. 回收站

78. 在 Windows 7 中，各个应用程序之间交换信息的公共数据通道是（　　　）。
    A. 收藏夹　　B. 文档库　　C. 剪贴板　　D. 回收站

79. 下列关于剪贴板的叙述中，（　　　）是错误的。
    A. 凡是"剪切"和"复制"命令的地方，都可以把选取的信息送到剪贴板中去
    B. 剪贴板中的信息超过一定数量时，会自动清空，以便节省内存空间
    C. 按【Alt+Print Screen】组合键或【Print Screen】键都会往剪贴板中送信息
    D. 剪贴板中的信息可以保存到磁盘文件中长久保存

80. 在 Windows 7 默认环境中，下列操作与剪贴板无关的是（　　　）。
    A. 剪切　　　B. 复制　　　C. 粘贴　　　D. 删除

81. 在 Windows 7 中，若将当前窗口存入剪贴板中，可以按（　　　）键。

    A.【Alt+Print Screen】　　　　　　B.【Print Screen】

    C.【Ctrl+Print Screen】　　　　　　D.【Shift+Print Screen】

82. 在 Windows 7 中，若系统长时间不响应用户的要求，为了结束该任务，应使用的快捷键是（　　　）。

    A.【Shift+Esc+Tab】　　　　　　　B.【Shift+Ctrl+Enter】

    C.【Shift+Alt+Enter】　　　　　　D.【Ctrl+Alt+Delete】

83. 快捷方式和文件本身的关系是（　　　）。

    A. 没有明显的关系　　　　　　　　B. 快捷方式是文件的备份

    C. 快捷方式其实就是文件本身　　　D. 快捷方式与文件原位置建立了一个链接关系

84. 以下关于 Windows 快捷方式的说法中，正确的是（　　　）。

    A. 一个快捷方式可指向多个目标对象

    B. 一个对象可用多个快捷方式

    C. 只有文件夹对象可建立快捷方式

    D. 不允许为快捷方式建立快捷方式

85. 鼠标的基本操作包括（　　　）。

    A. 双击、单击、拖动、执行　　　　B. 单击、拖动、双击、指向

    C. 单击、拖动、执行、复制　　　　D. 单击、移动、执行、删除

86. Windows 7 把所有的系统环境设置功能都统一到（　　　）中。

    A. 计算机　　　　B. 打印机　　　　C. 控制面板　　　　D. 资源管理器

87. 要改变字符重复速度的设置，应首先单击"控制面板"窗口中的（　　　）。

    A. 鼠标图标　　　B. 显示图标　　　C. 键盘图标　　　D. 系统图标

88. 关于个性化设置计算机，下列描述错误的是（　　　）。

    A. 主题是计算机上的图片、颜色和声音的组合

    B. 主题包括桌面背景、屏幕保护程序、窗口边框颜色和声音，有时还包括图标和鼠标指针

    C. 可以选择某个图片作为桌面背景，也可以以幻灯片形式显示图片

    D. 可以选择某个图片作为桌面背景，不可以以幻灯片形式显示图片

89. 在 Windows 7 中，屏幕保护程序的主要作用是（　　　）。

    A. 保护用户的眼睛

    B. 保护用户的身体

    C. 个性化计算机或通过提供密码保护来增强计算机安全性的一种方式

    D. 保护整个计算机系统

90. 要更改鼠标指针移动速度的设置，应在鼠标属性对话框中选择的选项卡是（　　　）。

    A. 鼠标键　　　　B. 指针　　　　C. 硬件　　　　D. 指针选项

91. 要设置日期分隔符，应首先单击"控制面板"窗口中的（　　　）。

    A. 日期/时间链接　　　　　　　　B. 键盘链接

    C. 区域和语言链接　　　　　　　　D. 系统链接

92. 下列叙述错误的是（　　　）。

A. 附件下的记事本是纯文本编辑器

B. 附件下的写字板也是纯文本编辑器

C. 附件下的写字板提供了在文档中插入声频和视频信息等对象的功能

D. 使用附件下的画图工具绘制的图片可以设置为桌面背景

93. 在记事本的编辑状态，进行"设置字体"操作时，应当使用（　　）菜单中的命令。

    A. 文件　　　　　B. 编辑　　　　　C. 搜索　　　　　D. 格式

94. 在记事本的编辑状态，进行"页面设置"操作时，应当使用（　　）菜单中的命令。

    A. 文件　　　　　B. 编辑　　　　　C. 搜索　　　　　D. 格式

95. 在写字板的编辑状态，进行"段落对齐"操作时，（　　）是错误的。

    A. 左对齐　　　　B. 右对齐　　　　C. 分散对齐　　　　D. 居中

96. 利用 Windows 7 附件中的"画图"应用程序，可以打开的文件类型包括（　　）。

    A. .aui、.wav、.bmp　　　　　　B. .mp3、.bmp、.gif

    C. .bmp、.mov、.gif　　　　　　D. .bmp、.gif、.jpeg

97. 在 Windows 7 系统的任何操作过程中都可以使用快捷键（　　）获得帮助。

    A.【F1】　　　　B.【Ctrl+F1】　　　　C.【Esc】　　　　D.【F11】

98. 在运行中输入 cmd 打开 MS-DOS 窗口，返回 Windows 7 的方法是（　　）。

    A. 按【Alt】键并按【Enter】键　　　B. 输入 Quit

    C. 输入 Exit，并按【Enter】键　　　D. 输入 Win 并按【Enter】键

99. 在 Windows 7 "资源管理器"窗口的文件夹列表中，若已单击了第一文件，又按住【Ctrl】键并单击了第5个文件，则（　　）。

    A. 有0个文件被选中　　　　　　B. 有5个文件被选中

    C. 有1个文件被选中　　　　　　D. 有2个文件被选中

100. 在"计算机"窗口中，可以选择（　　）菜单中的"反向选择"命令来放弃已经选中的文件和文件夹，而选中其他尚未选定的文件和文件夹。

    A. 文件　　　　　B. 帮助　　　　　C. 查看　　　　　D. 编辑

101. 在 Windows 7 默认环境中，下列（　　）不能使用"搜索"命令。

    A. 用"开始"菜单中的"搜索框"

    B. 用"资源管理器"窗口中的"搜索框"

    C. 用"计算机"窗口的"搜索框"

    D. 右击"回收站"图标，然后在弹出的快捷菜单中选择"搜索"命令

2.3　Word 2010 文字处理软件

1. Word 2010 文档扩展名的默认类型是（　　）。

    A. .docx　　　　B. .doc　　　　C. .wrdx　　　　D. .txtx

2. 支持中文 Word 2010 运行的软件环境是（　　）。

    A. DOS　　　　B. Office 2010　　　　C. UCDOS　　　　D. Windows 7/XP

3. 在 Word 2010 中，当前输入的文字被显示在（　　）。

    A. 文档的尾部　　B. 鼠标指针位置　C. 插入点位置　D. 当前行的行尾

4. 在 Word 2010 中，关于插入表格命令，下列说法中错误的是（　　）。

A. 只能是 2 行 5 列   B. 可以自动套用格式

C. 能调整行、列宽   D. 行列数可调

5. 在 Word 2010 中，插入分页符，选择"页面布局"选项卡，使用的按钮是（　　　　）。

    A. 纸张大小   B. 页边距   C. 分隔符   D. 纸张方向

6. 在 Word 2010 中，可以显示页眉与页脚的视图方式是（　　　　）。

    A. 普通   B. 大纲   C. 页面   D. Web 版式

7. 在 Word 2010 中只能显示水平标尺的是（　　　　）。

    A. 普通视图   B. 页面视图   C. 大纲视图   D. 打印预览

8. 在 Word 2010 的编辑状态，打开文档 ABC，修改后另存为 ABD，则文档 ABC（　　　　）。

    A. 被文档 ABD 覆盖   B. 被修改未关闭

    C. 被修改并关闭   D. 未修改被关闭

9. 在 Word 2010 的编辑状态中，按钮 ▯ 的含义是（　　　　）。

    A. 打开文档   B. 保存文档   C. 创建新文档   D. 打印文档

10. 在 Word 2010 的编辑状态中，使插入点快速移动到文档尾的操作是按（　　　　）键。

    A.【PgUp】   B.【Alt+End】   C.【Ctrl+End】   D.【PgDown】

11. Word 2010 最多可同时打开的文档数是（　　　　）。

    A. 9 个   B. 64 个

    C. 255 个   D. 任意多个，仅受内存容量的限制

12. 在 Word 2010 的编辑状态中，要将一个已经编辑好的文档保存到当前文件夹外的另一指定文件夹中，正确的操作方法是（　　　　）。

    A. 选择"文件"→"保存"命令

    B. 选择"文件"→"另存为"命令

    C. 选择"文件"→"发布"命令

    D. 选择"文件"→"关闭"命令

13. 在 Word 2010 的编辑状态中，为了把不相邻的两段文字交换位置，可以采用的方法是（　　　　）。

    A. 剪切   B. 粘贴   C. 复制+粘贴   D. 剪切+粘贴

14. 在草稿视图下，Word 文档的结束标记是一个（　　　　）。

    A. 闪烁的粗竖线   B. I 形竖线

    C. 空心箭头   D. 一小段水平粗横线

15. 在 Word 文档中，快捷键【Ctrl+O】的作用是（　　　　）。

    A. 新建一个文档   B. 打开一个文档

    C. 保存当前文档   D. 关闭当前文档

16. 在 Word 2010 中，不能改变叠放次序的对象是（　　　　）。

    A. 图片   B. 图形   C. 文本   D. 文本框

17. 在 Word 2010 的编辑状态，将剪贴板上的内容粘贴到当前光标处，使用的快捷键是（　　　　）。

    A.【Ctrl+X】   B.【Ctrl+V】   C.【Ctrl+C】   D.【Ctrl+A】

18. 在 Word 2010 的编辑状态中，按钮 ▣ 表示的含义是（　　　　）。

A. 打开文档　　　　B. 保存文档　　　　C. 创建新文档　　　　D. 打印文档

19. 在 Word 2010 的编辑状态，选择"视图"选项卡，单击"全部重排"按钮的作用是将所有打开的文档窗口（　　　）。

  A. 顺序编码　　　　　　　　　　　　B. 层层嵌套

  C. 折叠起来　　　　　　　　　　　　D. 根据实际情况，上下排列充满整个屏幕

20. 单击 Word 2010 主窗口标题栏右边显示的"最小化"按钮后（　　　）。

  A. Word 2010 的窗口被关闭

  B. Word 2010 的窗口未关闭

  C. Word 2010 的窗口变成窗口图标关闭按钮

  D. 被打开的文档窗口被关闭

21. 在 Word 2010 的编辑状态，执行两次"剪切"操作，则剪贴板中（　　　）。

  A. 仅有第一次被剪切的内容　　　　　B. 仅有第二次被剪切的内容

  C. 有两次被剪切的内容　　　　　　　D. 无内容

22. 在 Word 2010 的编辑状态打开了一个文档，对文档做了修改，进行"关闭"文档操作后（　　　）。

  A. 文档被关闭，并自动保存修改后的内容

  B. 文档不能关闭，并提示出错

  C. 文档被关闭，修改后的内容不能保存

  D. 弹出对话框，并询问是否保存对文档的修改

23. 在 Word 2010 的编辑状态，选择了一个段落并设置段落的"首行缩进"设置为 1 cm，则（　　　）。

  A. 该段落的首行起始位置距离页面的左边距 1 cm

  B. 文档中各段落的首行只由"首行缩进"确定位置

  C. 该段落的首行起始位置在距段落"左缩进"位置右边的 1 cm

  D. 该段落的首行起始位置在距段落"左缩进"位置左边的 1 cm

24. 在 Word 2010 的编辑状态，打开了 wl.docx 文档，把当前文档以 w2.docx 为名进行"另存为"操作，则（　　　）。

  A. 当前文档是 wl.doc　　　　　　　　B. 当前文档是 w2.docx

  C. 当前文档是 wl.docx 与 w2.docx　　D. wl.docx 与 w2.docx 全部关闭

25. 在 Word 2010 的编辑状态，选择了文档全文，若在"段落"对话框中设置行距为 20 磅的格式，应当选择"行距"列表框中的（　　　）。

  A. 单倍行距　　　　B. 1.5 倍行距　　　　C. 固定值　　　　　　D. 多倍行距

26. 在 Word 2010 的编辑状态下，包括能设置文档行间距命令的选项卡是（　　　）。

  A. "插入"选项卡　　　　　　　　　　B. "视图"选项卡

  C. "页面布局"选项卡　　　　　　　　D. "审阅"选项卡

27. 进入 Word 2010 后，打开了一个已有文档 wl.docx，又进行了"新建"操作，则（　　　）。

  A. wl.docx 被关闭　　　　　　　　　　B. wl.docx 和新建文档均处于打开状态

  C. "新建"操作失败　　　　　　　　　D. 新建文档被打开但 wl.docx 被关闭

28. 在 Word 2010 的编辑状态，对当前文档中的文字进行"字数统计"操作，应当使用的选

项卡是（　　）。

    A．"插入"选项卡　　　　　　　　　B．"引用"选项卡

    C．"视图"选项卡　　　　　　　　　D．"审阅"选项卡

29．在 Word 2010 的编辑状态，先后打开了 dl.docx 文档和 d2.docx 文档，则（　　）。

    A．可以使两个文档的窗口都显示出来

    B．只能显示 d2.docx 文档的窗口

    C．只能显示 dl.docx 文档的窗口

    D．打开 d2.doc 后两个窗口自动并列显示

30．在 Word 2010 的编辑状态，建立了 4 行 4 列的表格，除第 4 行与第 4 列相交的单元格以外各单元格内均有数字，当插入点移到该单元格内后进行"公式"操作，则（　　）。

    A．可以计算出其余列或行中数字的和　　B．仅能计算出第 4 列中数字的和

    C．仅能计算出第 4 行中数字的和　　　　D．不能计算数字的和

31．在 Word 2010 的默认状态下，有时会在某些英文文字下方出现红色的波浪线，这表示（　　）。

    A．语法错误　　　　　　　　　　　B．Word 2010 字典中没有该单词

    C．该文字本身自带下画线　　　　　D．该处有附注

32．在 Word 2010 的编辑状态，选择了当前文档中的一个段落，进行"删除"操作（或按【Delete】键），则（　　）。

    A．该段落被删除且不能恢复

    B．该段落被删除，但能恢复

    C．能利用"回收站"恢复被删除的该段落

    D．该段落被移到"回收站"内

33．在 Word 2010 的编辑状态，打开了一个文档，进行"保存"操作后，该文档（　　）。

    A．被保存在原文件夹下　　　　　　B．可以保存在已有的其他文件夹下

    C．可以保存在新建文件夹下　　　　D．保存后文档被关闭

34．在 Word 2010 的编辑状态，利用下列（　　）中的命令可以建立表格或修改表格。

    A．"开始"选项卡　　　　　　　　　B．"引用"选项卡

    C．"视图"选项卡　　　　　　　　　D．"插入"选项卡

35．在 Word 2010 的编辑状态，要在文档中添加符号★，应当使用（　　）中的命令。

    A．"开始"选项卡　　　　　　　　　B．"引用"选项卡

    C．"视图"选项卡　　　　　　　　　D．"插入"选项卡

36．在 Word 2010 的编辑状态，进行"替换"操作时，应当使用（　　）中的命令。

    A．"审阅"选项卡　　　　　　　　　B．"视图"选项卡

    C．"插入"选项卡　　　　　　　　　D．"开始"选项卡

37．在 Word 2010 的编辑状态，按先后顺序依次打开了 d1.docx. d2.docx. d3.docx 和 d4.docx 4 个文档，当前的活动窗口是（　　）文档的窗口。

    A．d1.docx　　　　　B．d2.docx　　　　　C．d3.docx　　　　　D．d4.docx

38．在 Word 2010 的编辑状态，在同一篇文档内，用拖动法复制文本时应该（　　）。

    A．同时按住【Ctrl】键　　　　　　B．同时按住【Shift】键

　　C. 按住【Alt】键　　　　　　　　　D. 直接拖动

39. 在 Word 2010 的编辑状态，要设置精确的缩进，应当使用的方式是（　　　）。

　　A. 标尺　　　　　　B. 样式　　　　　　C. 段落格式　　　　　　D. 页面设置

40. 在 Word 2010 的编辑状态，将段落的首行缩进两个字符的位置，正确的操作是（　　　）。

　　A. 使用"开始"选项卡的"段落"组中的按钮

　　B. 单击"插入"选项卡中的"段落"按钮

　　C. 单击"视图"选项卡中的"段落"按钮

　　D. 以上都不是

41. 在 Word 2010 的编辑状态，下列选项中，不能彻底关闭 Word 2010 应用程序窗口的操作是（　　　）。

　　A. 单击"文件"→"关闭"按钮

　　B. 单击 ⊠ 按钮

　　C. 双击 Word 2010 标题栏的图标

　　D. 单击"文件"→"退出"按钮

42. 在 Word 2010 的编辑状态，按钮 ≡ 表示的含义是（　　　）。

　　A. 左对齐　　　　B. 右对齐　　　　C. 居中对齐　　　　D. 分散对齐

43. 在 Word 2010 的编辑状态，按钮 ✓ 表示的含义是（　　　）。

　　A. 拼写和语法检查　　　　　　　　B. 插入文本框

　　C. 插入图文框　　　　　　　　　　D. 复制

44. 在表格中一次插入 3 行，正确的操作是（　　　）。

　　A. 选择"表格"→"插入"→"行"命令

　　B. 选定 3 行后，右击，在快捷菜单中选择"插入"→"在上方（或下方）插入行"命令

　　C. 将插入点放在行尾部，按【Enter】键

　　D. 无法实现

45. 在 Word 2010 的编辑状态，"打印"对话框的"页面范围"选项组中的"当前页"是指（　　　）。

　　A. 当前光标所在页　　　　　　　B. 当前窗口显示页

　　C. 第 1 页　　　　　　　　　　　D. 最后 1 页

46. 在 Word 2010 的编辑状态下，图片或形状的三维效果位于（　　　）选项卡中。

　　A. 视图　　　　　　B. 格式　　　　　　C. 绘图　　　　　　D. 图片

47. 在 Word 2010 的编辑状态下，在文档每一页底端插入注释，应该插入的注释是（　　　）。

　　A. 脚注　　　　　　B. 尾注　　　　　　C. 题注　　　　　　D. 批注

48. 在 Word 2010 的编辑状态，项目编号的作用是（　　　）。

　　A. 为每个标题编号　　　　　　　B. 为每个自然段编号

　　C. 为每行编号　　　　　　　　　D. 以上都正确

49. 在 Word 2010 的编辑状态，关于拆分表格，正确的说法是（　　　）。

　　A. 只能将表格拆分为左右两部分　　B. 可以自行设置拆分的行列数

　　C. 只能将表格拆分为上下两部分　　D. 只能将表格拆分为列

50. 在 Word 2010 的编辑状态，若要选定表格中的一行，正确的操作是（　　　）。

    A. 按【Alt+Enter】组合键

    B. 按【Alt】键，并拖动鼠标

    C. 选择"表格"→"选定"→"表格"中的任意→列

    D. 单击"表格工具"→"布局"→"选择"→"选择行"按钮

51. 在 Word 2010 的编辑状态中，使用只读方式打开文档，修改之后若要进行保存，可以使用的方法是（　　）。

    A. 更改文件属性

    B. 单击▣按钮

    C. 单击"文件"→"另存为"按钮

    D. 单击"文件"→"保存"按钮

52. 在 Word 2010 编辑状态下，格式刷可以复制（　　）。

    A. 段落的格式和内容   B. 段落和文字的格式和内容

    C. 文字的格式和内容   D. 段落和文字的格式

53. 在 Word 2010 的编辑状态，单击"开始"选项卡中的"粘贴"按钮后，下面说法不正确的是（　　）。

    A. 被选择的内容复制到指定点处

    B. 被选择的内容移到剪贴板处

    C. 被选择的内容复制到插入点处

    D. 剪贴板中的内容复制到插入点处

54. 在 Word 2010 的（　　）视图方式下，可以显示分页效果。

    A. 普通   B. 大纲   C. 页面   D. Web 版式视图

55. 在 Word 2010 编辑状态下，绘制一个文本框，应使用的选项卡是（　　）。

    A. 插入   B. 开始   C. 页面布局   D. 引用

56. 在 Word 2010 的编辑状态，连续进行了两次"插入"操作，当单击一次"撤销"按钮后（　　）。

    A. 将两次插入的内容全部取消   B. 将第一次插入的内容全部取消

    C. 将第二次插入的内容全部取消   D. 两次插入的内容都不被取消

57. 在 Word 2010 中无法实现的操作是（　　）。

    A. 在页眉中插入剪贴画   B. 建立奇偶页内容不同的页眉

    C. 在页眉中插入分隔符   D. 在页眉中插入日期

58. 在 Word 2010 的编辑状态，可以显示页面四角的视图方式是（　　）。

    A. 普通视图方式   B. 页面视图方式

    C. 大纲视图方式   D. 各种视图方式

59. 在 Word 2010 的编辑状态，进行"替换"操作时，应当使用（　　）中的命令。

    A. "插入"选项卡   B. "视图"选项卡

    C. "审阅"选项卡   D. "开始"选项卡

60. 进入 Word 2010 的编辑状态后，在默认状态下进行中文标点符号与英文标点符号之间切换的快捷键是（　　）。

    A.【Shift+空格】   B.【Shift+Ctrl】   C.【Ctrl+.】   D.【Shift+.】

61. 在"文件"选项卡中,右侧列出的文件名表示(　　　)。

    A. 这些文件已被打开   B. 这些文件已调入内存

    C. 这些文件最近被处理过   D. 这些文件正在脱机打印

62. Word 2010"开始"选项卡中的"格式刷"可用于复制文本或段落的格式,若要将选中的文本或段落格式重复应用多次,应(　　　)。

    A. 单击"格式刷"按钮   B. 双击"格式刷"按钮

    C. 右击"格式刷"按钮   D. 拖动"格式刷"按钮

63. 在 Word 2010 的编辑状态,当前正编辑一个新建文档"文档 1",当选择"Office 按钮"中的"保存"命令后,(　　　)。

    A. 该"文档 1"被存盘

    B. 弹出"另存为"对话框,以供进一步操作

    C. 自动以"文档 1"为名存盘

    D. 不能以"文档 1"存盘

64. 在 Word 2010 的编辑状态,当前编辑文档中的字体全是宋体字,选择某段文字使之呈蓝色底纹显示,先设置楷体,又设置仿宋体,则(　　　)。

    A. 文档全文都是楷体   B. 被选择的内容仍为宋体

    C. 被选择的内容变为仿宋体   D. 文档的全部文字的字体不变

65. 在 Word 2010 的编辑状态,选择了整个表格,单击"表格工具"→"布局"选项卡中的"删除行"按钮,则(　　　)。

    A. 整个表格被删除   B. 表格中一行被删除

    C. 表格中一列被删除   D. 表格中没有被删除的内容

66. 在 Word 2010 的编辑状态,为文档设置页码,可以使用(　　　)。

    A. "开始"选项卡中的按钮   B. "视图"选项卡中的按钮

    C. "引用"选项卡中的按钮   D. "插入"选项卡中的按钮

67. 在 Word 2010 的编辑状态,当前编辑的文档是 C 盘中的 dl.docx 文档,要将该文档复制到 U 盘,应当使用(　　　)。

    A. "文件"中的"另存为"按钮

    B. "文件"中的"保存"按钮

    C. "文件"中的"新建"按钮

    D. "插入"选项卡中的按钮

68. 在 Word 2010 的编辑状态,共新建了两个文档,没有对该两个文档进行"保存"或"另存为"操作,则(　　　)。

    A. 两个文档名都出现在"文件"中

    B. 两个文档名不出现在"文件"中

    C. 只有第一个文档名出现在"文件"中

    D. 只有第二个文档名出现在"文件"中

69. 在 Word 2010 的编辑状态中,打开了一个文档,对文档未做任何修改,随后单击 Word 2010 应用程序窗口标题栏右侧的"关闭"按钮或者单击"文件"中的"退出"命令,则(　　　)。

    A. 仅文档窗口被关闭

B. 文档和 Word 2010 主窗口全被关闭

C. 仅 Word 2010 主窗口被关闭

D. 文档和 Word 2010 主窗口全未被关闭

70. 在 Word 2010 的编辑状态中，文档窗口显示出水平标尺，此时拖动水平标尺上沿的"首行缩进"滑块，则（   ）。

A. 文档中各段落的首行起始位置都重新确定

B. 文档中被选择的各段落首行起始位置都重新确定

C. 文档中各行的起始位置都重新确定

D. 插入点之后的所有段落的起始位置都重新确定

71. 在 Word 2010 的编辑状态中，被编辑文档中的文字有"四号"、"五号"、"16 磅"、"18 磅"，4 种，下列关于所设定字号大小的比较中，正确的是（   ）。

A. "四号"大于"五号"   B. "四号"小于"五号"

C. "16 磅"大于"18 磅"   D. 字的大小一样，字体不同

72. 在 Word 2010 的表格操作中，计算求和的函数是（   ）。

A. Count   B. Sum   C. Total   D. Average

73. 在 Word 2010 的编辑状态中，对已经输入的文档进行分栏操作，需要使用的选项卡是（   ）。

A. 插入   B. 视图   C. 页面布局   D. 审阅

74. 在 Word 2010 中，页眉和页脚不能设置的格式是（   ）。

A. 字形和字号   B. 边框和底纹   C. 对齐方式   D. 分栏

75. 在 Word 2010 的编辑状态中，如果要输入希腊字母 Ω，则需要使用的选项卡是（   ）。

A. 开始   B. 插入   C. 审阅   D. 视图

76. 在 Word 2010 的文档中插入数学公式，应在"插入"选项卡中单击的按钮是（   ）。

A. 符号   B. 图片   C. 形状   D. 对象

77. 在 Word 2010 中，如果要使文档内容横向打印，在"页面布局"选项卡中，应单击的按钮是（   ）。

A. 纸张方向   B. 页边距   C. 纸张大小   D. 文字方向

78. 在 Word 2010 中，要将插入点移到所在行的开始位置，可按快捷键（   ）。

A.【Ctrl+End】   B.【Ctrl+Home】   C.【Ctrl+-】   D.【Home】

79. 在 Word 2010 中，实现撤销功能的快捷键是（   ）。

A.【Ctrl+Z】   B.【Ctrl+V】   C.【Ctrl+Y】   D.【Ctrl+U】

80. 要复制字符的格式而不复制字符，需用的按钮（   ）。

A. 格式选定   B. 复制   C. 格式刷   D. 字符边框

81. 在 Word 2010 的文档窗口中，插入点标记是一个（   ）。

A. 水平横条线符号   B. I 形鼠标指针符号

C. 闪烁的黑色竖条线符号   D. 箭头形鼠标指针符号

82. 在 Word 2010 中，将鼠标指针移到文档左侧的选定区并要选定整个文档，则鼠标的操作是（   ）。

A. 单击左键   B. 单击右键   C. 双击左键   D. 三击左键

83. 在 Word 2010 中，将整个文档选定的快捷键是（　　　）。

    A.【Ctrl+A】　　　　B.【Ctrl+C】　　　　C.【Ctrl+V】　　　　D.【Ctrl+X】

84. Word 2010 的查找和替换功能十分强大，不属于其中之一的是（　　　）。

    A. 能够查找文本与替换文本中的格式

    B. 能够查找和替换带格式及样式的文本

    C. 能够查找图形对象

    D. 能够用通配字符进行复杂的搜索

85. 在 Word 2010 中，用户可以通过（　　　）命令对文档设置"打开权限密码"。

    A. "另存为"对话框"工具"按钮中的"Web 选项"

    B. "另存为"对话框"工具"按钮中的"常规选项"

    C. "另存为"对话框"工具"按钮中的"保存选项"

    D. "另存为"对话框"保存"按钮中的"常规选项"

86. 在 Word 2010 中，对于"字号"下拉列表框内选择所需字号的大小或磅值说法正确的是（　　　）。

    A. 字号越大字越大，磅值越大字越大

    B. 字号越小字越大，磅值越小字越大

    C. 字号越大字越小，磅值越大字越大

    D. 字号越大字越大，磅值越大字越小

87. 在 Word 2010 中，如果要复制已选定的文字，则可使用（　　　）按钮。

    A. 复制　　　　　　B. 格式刷　　　　　C. 粘贴　　　　　　D. 恢复

88. 在 Word 2010 中，当拖动水平标尺上的列标记调整表格中单元格的宽度时，同时按住（　　　）键，则在标尺上会显示列宽的具体数据。

    A.【Shift】　　　　　B.【Alt】　　　　　C.【Ctrl】　　　　　D.【Tab】

89. 要在 Word 2010 表格的某个单元格中，产生一条或多条斜线表头，应该使用（　　　）来实现。

    A. "插入"选项卡的"表格"按钮中的"插入表格"

    B. "插入"选项卡的"表格"按钮中的"快速表格"

    C. "插入"选项卡的"表格"按钮中的"绘制表格"

    D. "插入"选项卡的"表格"按钮中的"Excel 电子表格"

90. 一般情况下，Word 2010 能根据单元格中输入内容的多少自动（　　　）。

    A. 调整行高　　　　B. 增加行高　　　　C. 减少行高　　　　D. 调整列宽

91. 在 Word 2010 表格中，合并单元格的正确操作是（　　　）。

    A. 选定要合并的单元格，按【Space】键

    B. 选定要合并的单元格，按【Enter】键

    C. 选定要合并的单元格，右击，在弹出的快捷菜单中选择"合并单元格"命令

    D. 选定要合并的单元格，右击，在弹出的快捷菜单中选择"删除单元格"命令

92. 下列关于 Word 2010 表格功能的描述，正确的是（　　　）。

    A. Word 2010 对表格中的数据既不能进行排序，也不能进行计算

    B. Word 2010 对表格中的数据能进行排序，但不能进行计算

C. Word 2010 对表格中的数据不能进行排序，但可以进行计算

D. Word 2010 对表格中的数据既能进行排序，也能进行计算

93. 在 Word 2010 表格中，对表格的内容进行排序，下列不能作为排序类型的有（　　）。

    A. 笔画　　　　　　B. 拼音　　　　　　C. 偏旁部首　　　　　　D. 数字

2.4　Excel 2010 电子表格软件

1. 在 Excel 2010 中，一张工作表里最多有（　　）。

    A. 65535 行　　　　B. 65536 行　　　　C. 1 000000 行　　　　D. 1 048 576 行

2. 在 Excel 2010 中，工作表的列坐标范围是（　　）。

    A. A—IV　　　　　B. A～VI　　　　　C. A～XFD　　　　　D. A～UID

3. 在 Excel 2010 中，在单元格中输入数字字符串 100102（邮政编码）时，应输入（　　）。

    A. 100102　　　　B. "100102"　　　　C. '100102　　　　D. '100102'

4. 在 Excel 2010 中，一个 Excel 工作簿文件第一次存盘默认的扩展名是（　　）。

    A. .xls　　　　　　B. xlsx　　　　　C. xclx　　　　　D. docx

5. 在 Excel 2010 中，新建工作簿，默认的名称为（　　）。

    A. Book　　　　　B. 表　　　　　C. Bookl　　　　　D. 表 1

6. 在 Excel 2010 中，双击 Excel 2010 窗口标题栏的作用等同于单击（　　）按钮。

    A. 打印预览　　B. 最小化　　C. 最大化／向下还原　　D. 关闭

7. 在 Excel 2010 中，把单元格指针移到 AZ2500 单元格最快速的方法是（　　）。

    A. 拖动滚动条

    B. 按【Ctrl+方向键】组合键

    C. 在名称框中输入 AZ2500，并按【Enter】键

    D. 先用【Ctrl+→】组合键移到 AZ 列，再用【Ctrl+↓】组合键移到 2500 行

8. 在 Excel 2010 中，填充柄位于（　　）。

    A. 当前单元格的左下角　　　　　　B. 当前单元格的左上角

    C. 当前单元格的右下角　　　　　　D. 当前单元格的右上角

9. 在 Excel 2010 中，如果单元格 A1 中为 Mon，那么向下拖动填充柄到 A3，则 A3 单元格应为（　　）。

    A. Ved　　　　　B. Mon　　　　　C. Tue　　　　　D. Fri

10. 在 Excel 2010 中，在一个单元格中输入文本时，文本数据在单元格中的对齐方式是（　　）。

    A. 左对齐　　　　B. 右对齐　　　　C. 居中对齐　　　　D. 随机对齐

11. 在 Excel 2010 中，可以使用（　　）选项卡中的命令来为单元格加上批注。

    A. 开始　　　　　B. 插入　　　　　C. 审阅　　　　　D. 数据

12. 在 Excel 2010 中，显示键盘状态的是在（　　）。

    A. 状态栏　　　　B. 任务栏　　　　C. 标题栏　　　　D. 菜单栏

13. 在 Excel 2010 中，以下可用于关闭当前 Excel 2010 工作簿文件的方式是（　　）。

    A. 双击标题栏　　　　　　　　B. 按【Alt+F4】组合键

    C. 单击标题栏"关闭"按钮　　　D. 单击功能区右上角的"关闭"按钮

14. 在 Excel 2010 中，以下方法中可用于退出 Excel 程序的是（　　　）。
    A. 双击标题栏
    B. 单击标题栏中的"关闭"按钮
    C. 单击功能区右上角的"关闭"按钮
    D. 按【Ctrl+F4】组合键

15. 在 Excel 2010 中，如果不允许修改工作表中的内容，可以使用的操作是单击（　　　）。
    A. "数据"选项卡中的"数据有效性"按钮
    B. "审阅"选项卡中的"保护工作表"按钮
    C. "开始"选项卡中的"单元格样式"按钮
    D. "视图"选项卡中的"冻结窗格"按钮

16. 关于 Excel 2010，下列叙述中错误的是（　　　）。
    A. Excel 2010 是表格处理软件
    B. Excel 2010 不具有数据库管理能力
    C. Excel 2010 具有报表编辑、分析数据、图表处理、连接及合并等功能
    D. 在 Excel 2010 中可以利用宏功能简化操作

17. 关于启动 Excel 2010，下列叙述错误的是（　　　）。
    A. 在磁盘区域右击，在弹出的快捷菜单中选择"新建"→"Microsoft Office Excel 工作表"命令，新建文件的同时可以启动
    B. 通过操作系统的"开始"→"所有程序"→Microsoft Office→Microsoft Office Excel 2010 命令启动
    C. 双击打开某工作簿文件，可以启动 Excel 2010 程序
    D. 双击 IE 浏览器，可以启动 Excel 2010 程序

18. 在 Excel 2010 中，直接处理的对象称为工作表，若干工作表的集合称为（　　　）。
    A. 工作簿　　　　B. 文件　　　　C. 字段　　　　D. 活动工作簿

19. 在 Excel 2010 中，下面关于单元格的叙述中正确的是（　　　）。
    A. A4 表示第 4 列第 1 行的单元格
    B. 在编辑过程中，单元格地址在不同的环境中会有所变化
    C. 工作表中的单元格是由单元格地址来表示的
    D. 为了区分不同工作表中相同地址的单元格地址，可以在单元格前加上工作表的名称，中间用#间隔

20. 在 Excel 2010 中，工作簿名称被放置在（　　　）。
    A. 标题栏　　　　B. 状态栏　　　　C. 功能区　　　　D. 快速访问工具栏

21. 在 Excel 2010 中，单元格地址是指（　　　）。
    A. 每一个单元格　　　　　　　　B. 每一个单元格的大小
    C. 单元格所在的工作表　　　　　D. 单元格在工作表中的位置

22. 在 Excel 2010 中，将单元格变为活动单元格的操作是（　　　）。
    A. 用鼠标单击该单元格
    B. 将鼠标指针指向该单元格
    C. 在当前单元格内输入该目标单元格地址

D. 没必要，因为每一个单元格都是活动的

23. 在 Excel 2010 中，"页面设置"按钮位于（　　）。
   A. "页面布局"选项卡　　　　　　B. "公式"选项卡
   C. "开始"选项卡　　　　　　　　D. "视图"选项卡

24. 在 Excel 2010 中，"页面设置"功能能够（　　）。
   A. 打印预览　　　　　　　　　　B. 改变页边距
   C. 保存工作簿　　　　　　　　　D. 设置单元格格式

25. 在 Excel 2010 中，如果希望打印内容处于页面中心，可以使用（　　）。
   A. 在"页面设置"对话框的"页眉／页脚"选项卡中，"居中方式"中，选择"水平"和"垂直"
   B. 在"页面设置"对话框的"页面"选项卡中，"居中方式"中，选择"水平"和"垂直"
   C. 在"页面设置"对话框的"页边距"选项卡中，"居中方式"中，选择"水平"和"垂直"
   D. 横向打印

26. 在 Excel 2010 中，给工作表添加页眉和页脚的操作是（　　）。
   A. 在"页面设置"对话框中选择"页眉／页脚"选项卡
   B. 在"页面设置"对话框中选择"页面"选项卡
   C. 在"页面设置"对话框中选择"页边距"选项卡
   D. 在"页面设置"对话框中选择"工作表"选项卡

27. 在 Excel 2010 中，当工作表单元格的字符串超过该单元格的宽度时，下列叙述中不正确的是（　　）。
   A. 该字符串有可能占用其左侧单元格的空间，将全部内容显示出来
   B. 该字符串可能占用其右侧单元格的空间，将全部内容显示出来
   C. 该字符串可能只在其所在单元格内显示部分内容，其余部分被其右侧单元格中的内容覆盖
   D. 该字符串可能只在其所在单元格内显示部分出来，多余部分被删除

28. 在 Excel 2010 中，以下有关格式化工作表的叙述中不正确的是（　　）。
   A. 通过"开始"选项卡中相应的命令来进行格式化
   B. 可以右击单元格，在弹出的快捷菜单中选择"设置单元格格式"命令来进行格式化
   C. 通过"审阅"选项卡中相应的命令来进行格式化
   D. 可以使用"格式刷"将某些格式复制

29. 在 Excel 2010 中，工作表的列宽可以通过（　　）。
   A. "审阅"选项卡中的"修订"按钮来完成调整
   B. "页面布局"选项卡中的"页边距"按钮来完成调整
   C. "开始"选项卡中的"格式"按钮来完成调整
   D. "开始"选项卡中的"对齐方式"按钮来完成调整

30. 在 Excel 2010 中，下列序列中不属于 Excel 预设自动填充序列的是（　　）。
   A. 星期一，星期二，星期三，…　　B. 一车间，二车间，三车间，…
   C. 甲，乙，丙，…　　　　　　　　D. Mon，Tue，Wed，…

31. 在 Excel 2010 中，使用公式输入数据，一般在公式前需要加（　　）。
    A. =   B. 单引号   C. $ D. *

32. 在 Excel 2010 中，若使该单元格显示 0.3，应该输入（　　）。
    A. 6/20   B. "6/20"   C. ="6/20"   D. =6/20

33. 在 Excel 2010 中，公式 "=$C1+E$1"是（　　）。
    A. 相对引用   B. 绝对引用   C. 混合引用   D. 任意引用

34. 在 Excel 2010 中，下列选项中属于对单元格的绝对引用的是（　　）。
    A. B2   B. ￥B￥2   C. $B2   D. $B$2

35. 在 Excel 2010 中，若在编辑栏中输入公式 "="10-4-12" - "10-3-2""，将在活动单元格中将得到（　　）。
    A. 4 1   B. 10-3-11   C. 10-3-10   D. 40

36. 在 Excel 2010 中，已知工作表中 K6 单元格中为公式 "=F6*$D$4"，在第 3 行处插入一行，则插入后 K7 单元格中的公式为（　　）。
    A. =F7*$D$5   B. =F7*$D$4   C. =F6*$D$5   D. =F6*$D$4

37. 在 Excel 2010 中，使用表达式$D$1引用工作表第 D 列第 1 行的单元格，这称为对单元格地址的（　　）。
    A. 绝对引用   B. 相对引用   C. 混合引用   D. 交叉引用

38. 在 Excel 2010 中，工作表 A1 单元格的内容为公式 "=SUM（B2:D7）"，在用删除行的命令将第 2 行删除后，A1 单元格中的公式将调整为（　　）。
    A. =SUM(ERR)   B. =SUM(B3:D-7)
    C. =SUM(B2:D6)   D. #VALUE 1

39. 在 Excel 2010 中，已知工作表中 C3 单元格与 D4 单元格的值均为 10，C4 单元格中为公式 "=C3=D4"，则 C4 单元格显示的内容为（　　）。
    A. C3=D4   B. TRUE   C. #N／A   D. 10

40. 在 Excel 2010 中，若在 A2 单元格中输入 "=8^2"，则显示结果为（　　）。
    A. 16   B. 64   C. =8^2   D. 8^2

41. 在 Excel 2010 中，若在 A2 单元格中输入 "=56>=57"，则显示结果为（　　）。
    A. 56>57   B. =56<57   C. TRUE   D. FALSE

42. 在 Excel 2010 中，下列公式合法的是（　　）。
    A. =A2-C6   B. =D5+F7   C. =A3, IcA4   D. 以上都合法

43. 在 Excel 2010 中，公式 "=AVERAGE（A1：A4）"等价于下列公式中的（　　）。
    A. =A1+A2+A3+A4   B. =A1+A2+A3+A4／4
    C. =(A1+A2+A3+A4)/4   D. =(A1+A4)\4

44. 在 Excel 2010 中，如果为单元格 A4 赋值 9，为单元格 A6 赋值 4，单元格 A8 为公式 "=IF（A4/3>A6, "OK","GOOD"）"，则 A8 的值应当是（　　）.
    A. OK   B. GOOD   C. #REF   D. #NAME?

45. 在 Excel 2010 的工作表中，若单元格 D3 中的数值为 15，E3 中的数值为 20，D4 中的数值为 10，E4 中的数值为 25，单元格 F3 中的公式为 "=D3+$E$3"，将此公式复制到 F4 单元格中，则 F4 单元格的值为（　　）。

A. 35　　　　　　B. 40　　　　　　C. 30　　　　　　D. 25

46. 在 Excel 2010 中，将 B2 单元格中的公式 "=A1+A2-C1" 复制到单元格 C3 后公式为（　　）。

　　A. =A1+A2-C6　　B. =B2+B3-D2　　C. =D1+D2-F6　　D. =D1+D2+D6

47. 在 Excel 2010 中，如果想利用公式在工作表区域 B1:B25 中输入起始值为 1，公差为 2 的等差数列。其操作过程如下：先在 B1 单元格中输入数字 1，然后在 B2 单元格中输入公式（　　），最后将该公式向下复制到区域 B3:B25 中。

　　A. =B1+2　　　　B. =2-B1　　　　C. -B1-2　　　　D. =$B$1+2

48. 在 Excel 2010 中，要改变工作表的标签，可以使用的方法是（　　）。

　　A. 利用"审阅"选项卡中的"保护工作簿"按钮

　　B. 利用"开始"选项卡中的"单元格"按钮

　　C. 双击工作表标签

　　D. 单击工作表标签

49. 在 Excel 2010 中，位于 Excel 窗口顶部的，用于输入或编辑单元格或图表中的值或公式的这块条形区域称为（　　）。

　　A. 编辑栏　　　　B. 标题栏　　　　C. 功能区　　　　D. 选项卡

50. 在 Excel 2010 中，设工作表区域 A1:A12 单元格区域从上向下顺序存储有某商店 1~12 月的销售额。为了在区域 B1:B12 单元格区域中从上向下顺序得到从 1 月到各月的累计销售额，其操作过程如下：先在 B1 单元格中输入公式（　　），然后将其中的公式向下复制到区域 B2:B12 中。

　　A. =SUM(A1:A1)　　　　　　　　B. =SUM(A1:A12)

　　C. =SUM(A1:A$1)　　　　　　　　D. =SUM(A1:$A1)

51. 在 Excel 2010 中，要在工作簿中同时选择多个不相邻的工作表，在依次单击各个工作表标签的同时应该按住（　　）键。

　　A.【Ctrl】　　　　B.【Shift】　　　　C.【Alt】　　　　D.【Delete】

52. 在 Excel 2010 中，下列说法不正确的是（　　）。

　　A. 若要删除一行，右击该行行号，在弹出的快捷菜单中选择"清除内容"命令

　　B. 若要选定一行，单击该行行号即可

　　C. 若想使某一单元格成为活动单元格，单击此单元格即可

　　D. 为了创建图表，可以使用"插入"选项卡中的"图表"命令

53. 在 Excel 2010 中，设定文档打印份数可利用的是（　　）。

　　A. "开始"选项卡中的"样式"命令

　　B. "页面布局"选项卡中的"工作表选项"命令

　　C. "视图"选项卡中的"窗口"命令

　　D. "数据"选项卡中的"数据工具"命令

54. 在 Excel 2010 中，若要在工作表中选定一个单元格区域，可以执行下列操作中的（　　）。

　　A. 右击并选择"复制"命令　　　　B. 从单元格区域的右上角拖动到左下角

　　C. 右击并选择"筛选"命令　　　　D. 在屏幕左边的行号上向下拖动鼠标

55. 在 Excel 2010 中，选中两个单元格后使两个单元格合并成一个单元格，正确的操作应该是（　　）。

  A. 在"数据"选项卡中单击"合并后居中"按钮

  B. 在"审阅"选项卡中单击"合并后居中"按钮

  C. 在"开始"选项卡中单击"合并后居中"按钮

  D. 在"页面布局"选项卡中单击"合并后居中"按钮

56. 在 Excel 2010 中，在工作表某列第一个单元格中输入等差数列起始值，若要完成逐一增加的等差数列填充输入，正确的操作是（ ）。

  A. 拖动单元格右下角的填充柄，直到等差数列最后一个数值所在单元格

  B. 按住【Ctrl】键，拖动单元格右下角的填充柄，直到等差数列最后一个数值所在单元格

  C. 按住【Alt】键，拖动单元格右下角的填充柄，直到等差数列最后一个数值所在单元格

  D. 按住【Shift】键，拖动单元格右下角的填充柄，直到等差数列最后一个数值所在单元格

57. 在 Excel 2010 中，工作表 G8 单元格存放的是某日期型数据，执行某操作之后，在 G8 单元格中显示一串"#"，说明 G8 单元格的（ ）。

  A. 公式有错，无法计算

  B. 数据已经因操作失误而丢失

  C. 显示宽度不够，只要调整列宽度即可

  D. 格式与类型不匹配，无法显示

58. 在 Excel 2010 中，若利用自定义序列功能建立新序列，在输入的新序列各项之间要加以分隔的符号是（ ）。

  A. 分号";"   B. 冒号":"   C. 叹号"!"   D. 逗号","

59. 下列关于 Excel 2010 的叙述中，正确的是（ ）。

  A. Excel 2010 将工作簿的每一张工作表分别作为一个独立的 Excel 文件来保存

  B. Excel 2010 的图表必须与生成该图表的源数据处于同一张工作表上

  C. Excel 2010 工作表的名称由文件名决定

  D. Excel 2010 允许一个工作簿中包含多个工作表

60. 在 Excel 2010 中，创建图表的命令是在（ ）中。

  A. "开始"选项卡   B. "页面布局"选项卡

  C. "视图"选项卡   D. "插入"选项卡

61. 在 Excel 2010 工作簿中，既有一般工作表又有图表，当执行"保存"命令时，则（ ）。

  A. 只保存工作表文件   B. 只保存图表文件

  C. 分别保存   D. 将二者同时保存

62. 在 Excel 2010 中，如果将图表作为工作表插入，则默认的名称为（ ）。

  A. 工作表 1   B. Chartl   C. Sheet4   D. 图表 1

63. 在 Excel 2010 中，若要设置图表标题格式，应该（ ）。

  A. 双击图表标题

  B. 在"图表样式"中选择相应命令

  C. 在"图表布局"中选择相应命令

  D. 在图表标题上右击，选择相应命令

64. 在 Excel 2010 中，创建图表之后，可以进行的修改不包括（ ）。

  A. 添加图表标题   B. 移动或隐藏图例

C. 更改坐标轴的显示方式　　　　D. 修改数据表的数据

65. 在 Excel 2010 中，"XY 图"指的是（　　）。

　　A. 散点图　　　B. 柱形图　　　C. 条形图　　　D. 折线图

66. 在 Excel 2010 工作簿中，默认打开的工作表数是（　　）。

　　A. 1　　　B. 3　　　C. 255　　　D. 任意多个

67. 在 Excel 2010 中，单击图表使图表被选中后，则"插入"选项卡（　　）。

　　A. 发生了变化　　　　　　B. 没有变化

　　C. 均不能使用　　　　　　D. 与图表操作无关

68. 在 Excel 2010 中，若数据表中一些数据已不需要，删除后，相应图表的相应内容将（　　）。

　　A. 自动删除　　　B. 更新后删除　　　C. 不变化　　　D. 以虚线显示

69. 在 Excel 2010 中，当产生图表的基础数据发生变化后，图表将（　　）。

　　A. 发生相应的改变　　　　B. 发生改变，但与数据无关

　　C. 不会改变　　　　　　D. 被删除

70. 在 Excel 2010 中，在工作表里创建图表后，选中图表，功能区中将新出现（　　）。

　　A. "审阅"选项卡　　　　　B. "图表工具"选项卡

　　C. "图表布局"选项卡　　　D. "视图"选项卡

71. 在 Excel 2010 中，重命名工作表的操作是（　　）。

　　A. 单击工作表标签，选择"重命名"命令

　　B. 双击工作表标签，选择"重命名"命令

　　C. 右击工作表标签，选择"重命名"命令

　　D. A、B、C 都正确

72. 在 Excel 2010 中，活动单元格是指（　　）。

　　A. 可以随意移动的单元格　　　B. 随其他单元格的变化而变化的单元格

　　C. 已经改动了的单元格　　　D. 正在操作的单元格

73. 在 Excel 2010 中，A1 单元格设定其格式为保留 0 位小数，当输入 45.51 时，则将会显示（　　）。

　　A. 45.51　　　B. 45　　　C. 46　　　D. ERROR

74. 在 Excel 2010 工作表中，A5 单元格中的内容是 A5，拖动填充柄至 C5，则 B5、C5 单元格的内容分别为（　　）。

　　A. B5 C5　　　B. B6 C7　　　C. A6 A7　　　D. A5 A5

75. 在 Excel 2010 工作表，A1 和 A2 单元格的内容和选定的区域如右图所示，将鼠标移至 A2 单元格右下角处，鼠标形状为实心"+"时，拖动鼠标至 A5 单元格，此时 A4 单元格的内容为（　　）。

　　A. 8　　　B. 10　　　C. 18　　　D. 23

76. 在 Excel 2010 中，打印学生成绩单时，对不及格的成绩用醒目的方式表示（如及格的用蓝色加粗字体表示，不及格的用红色倾斜字体表示等），当要处理大量的学生成绩时，最为方便的操作是（　　）。

　　A. 查找　　　B. 条件格式　　　C. 筛选　　　D. 定位

77. 在 Excel 中，各运算符号的优先级由高到低的顺序为（　　）。

    A. 算术运算符、比较运算符、文本连接运算符

    B. 算术运算符、文本连接运算符、比较运算符

    C. 比较运算符、文本连接运算符、算术运算符

    D. 文本连接运算符、算术运算符、比较运算符

78. 在 Excel 2010 工作表中，已知单元格 A1 中存有数值 563.68，若在 B1 中输入函数 "=INT(A1)，则 B1 的显示结果是（　　　）。

    A. 564　　　　　　B. 563.7　　　　　　C. 560　　　　　　D. 563

79. 在 Excel 2010 工作簿中，有 Sheet1、Sheet2 和 Sheet3 这 3 个工作表，如下图所示，连续选定这 3 个工作表，在 Sheet1 工作表的 A1 单元格内输入数值 9 并按【Enter】键后，则 Sheet2 工作表和 Sheet3 工作表的 A1 单元格中（　　　）。

    A. 内容均为数值 0　　　　　　　　B. 内容均为数值 9

    C. 内容均为数值 10　　　　　　　　D. 无数据

80. 在 Excel 2010 中，升序排序默认（　　　）。

    A. 逻辑值 FALSE 在 TRUE 之前

    B. 逻辑值 TRUE 在 FALSE 之前

    C. 逻辑值 TRUE 和 FALSE 等值

    D. 逻辑值 TRUE 和 FALSE 保持原始次序

81. 在 Excel 2010 中，已知单元格 B1 中存放函数 LEFT(A1,5) 的值为 ABCDE，则在单元格 B2 中输入函数 "=MID(A1,2,2)"，B2 的值为（　　　）。

    A. AB　　　　　　B. BC　　　　　　C. CD　　　　　　D. DE

82. 在 Excel 2010 中，以下会在字段名的单元格内加上一个下拉按钮的操作是（　　　）。

    A. 筛选　　　　　　B. 分列　　　　　　C. 排序　　　　　　D. 合并计算

83. 在 Excel 2010 中，执行了插入工作表的操作后，新插入的工作表（　　　）。

    A. 在当前工作表之前　　　　　　　B. 在当前工作表之后

    C. 在所有工作表的前面　　　　　　D. 在所有工作表的后面

84. 在 Excel 2010 中，用筛选条件 "英语>75" 与 "总分>=240" 对成绩数据进行筛选后，在筛选结果中都是（　　　）。

    A. 英语>75 的记录

    B. 英语>75 且总分>=240 的记录

    C. 总分>=240 的记录

    D. 英语>75 或总分>=240 的记录

85. 在 Excel 2010 中，为工作表中的数据建立图表，正确的说法是（　　　）。

    A. 只能建立一张单独的图表工作表，不能将图表嵌入到工作表中

B. 只能为连续的数据区建立图表，数据区不连续时不能建立图表

C. 图表中的图表类型一经选定建立图表后，将不能修改

D. 当数据区中的数据系列被删除后，图表中的相应内容也会被删除

86. 在 Excel 2010 中，要在图表中加入文本，可以选择"插入"选项卡中的（　　　）。

　A. 数据透视表　　　B. 超链接　　　C. 文本框　　　　　D. 对象

87. 在 Excel 2010 中，当鼠标指针指向超链接标志时，会弹出的提示是（　　　）。

　A. 是否打开链接　　　　　　　B. 是否取消链接

　C. 链接建立时间　　　　　　　D. 该链接目标地址

88. 在 Excel 2010 中，在选取单元格时，鼠标指针状态为（　　　）。

　A. 竖条光标　　　　　　　　　B. 空心十字光标

　C. 箭头光标　　　　　　　　　D. 不确定

89. 在 Excel 2010 中，如果要选取若干个不连续单元格，可以（　　　）。

　A. 按住【Shift】键依次单击目标单元格

　B. 按住【Ctrl】键依次单击目标单元格

　C. 按住【Alt】键依次单击目标单元格

　D. 按住【Tab】键依次单击目标单元格

90. 在 Excel 2010 中，在单元格中输入身份证号码时应首先输入（　　　）。

　A. "："　　　B. "'"　　　C. "="　　　　D. "/"

91. 在 Excel 2010 工作表中，设有如下形式的数据及公式，现将 A4 单元格中的公式复制到 B4 单元格中，B4 单元格中的内容为（　　　）。

A4		fx	=SUM($A$1:A3)		
	A	B	C	D	E
1	1	2			
2	3	4			
3	5	6			
4	9				
5					

　A. 9　　　B. 12　　　C. 30　　　D. 21

92. 在 Excel 2010 中，若要在当前单元格的左侧插入一个单元格，右击该单元格后，选择"插入"命令，在弹出的"插入"对话框中选择（　　　）。

　A. 整行　　　　　　　　　B. 活动单元格右移

　C. 整列　　　　　　　　　D. 活动单元格下移

93. 在 Excel 2010 中，选中某个单元格后，单击"格式刷"按钮，可以复制单元格的（　　　）。

　A. 格式　　　　　　　　　B. 内容

　C. 全部（格式和内容）　　　D. 批注

94. 在 Excel 2010 中，设置单元格的格式可以在（　　　）选项卡中进行设置。

　A. 开始　　　B. 插入　　　C. 审阅　　　D. 视图

95. 在 Excel 2010 中用鼠标拖动进行复制数据和移动数据时，其在操作上（　　　）。

　A. 有所不同，区别是：复制数据时，要按住【Ctrl】键

　B. 完全一样

C. 有所不同，区别是：移动数据时，要按住【Ctrl】键

D. 有所不同，区别是：复制数据时，要按住【Shift】键

96. 在 Excel 2010 中，当操作数发生变化时，公式的运算结果（　　）。

  A. 会发生改变　　　　　　　　　　B. 不会发生改变

  C. 与操作数没有关系　　　　　　　D. 会显示出错信息

97. 在 Excel 2010 中，若要为工作表中的数据设置字体格式，（　　）。

  A. 可以通过"视图"选项卡中的按钮

  B. 可以通过"审阅"选项卡中的按钮

  C. 可以通过"开始"选项卡中的按钮

  D. 可以通过"数据"选项卡中的按钮

98. 在 Excel 2010 中，若在 A1 单元格中输入(123)，则 A1 单元格中的内容是（　　）。

  A. −123　　　　B. 123.0　　　　　C. 123　　　　　　D. （123）

99. 在 Excel 2010 中，若将 123 作为文本数据输入某单元格中，错误的输入方法是（　　）。

  A. 123　　　　　　　　　　　　　B. ="123"

  C. 先输入 123，再设置为文本格式　　D. "123"

100. 在 Excel 2010 中，以下不能用于设置列宽的方法是（　　）。

  A. 直接在列标处拖动

  B. 右击列标，选择相应命令

  C. 利用"开始"选项卡中"格式"按钮

  D. 利用"数据"选项卡"分列"按钮

101. 在 Excel 2010 中，下列工具按钮 　　　 分别表示（　　）。

  A. 会计数字格式，百分比样式，标点符号，减少小数位数，增加小数位数

  B. 货币样式，百分比样式，标点符号，增加小数位数，减少小数位数

  C. 会计数字格式，百分比样式，千位分隔样式，增加小数位数，减少小数位数

  D. 货币样式，百分比样式，千位分隔样式，增加小数位数，减少小数位数

102. 在 Excel 2010 中，默认情况下，在单元格中输入完数据后，按【Tab】键，则会（　　）。

  A. 向上移动一个单元格　　　　　　B. 向下移动一个单元格

  C. 向左移动一个单元格　　　　　　D. 问右移动一个单元格

103. 在 Excel 2010 中，下列关于工作表的叙述中正确的是（　　）。

  A. 工作表是计算和存取数据的文件　　B. 工作表的名称在工作簿的顶部显示

  C. 无法对工作表的名称进行修改　　　D. 工作表的默认名称是"Sheet1，Sheet2…"

104. 在 Excel 2010 中，以工作表 Sheet1 中某区域的数据为基础建立的独立图表，该图表标签 "Chart1" 在标签栏中的位置是（　　）。

  A. Sheet1 之前　　B. Sheet1 之后　　　　C. 最后一个　　　D. 不确定

105. 在 Excel 2010 中，下面不是工作簿的保存方法的为（　　）。

  A. 单击"文件"→"保存"按钮

  B. 单击快速访问工具栏中的"保存"按钮

  C. 按【Ctrl+S】组合键

  D. 按【Alt+S】组合键

106. 在 Excel 2010 中，若一个工作簿有 16 张工作表，标签为 Sheet1～Sheet16，若当前工作表为 Sheet5，将该工作表复制一份到 Sheet8 之前，则复制的工作表标签为（　　　）。

    A. Sheet5（2）　　B. Sheet5　　　　C. Sheet8（2）　　　　D. Sheet7（2）

107. 在 Excel 2010 中，若在工作簿 Book2 的当前工作表中，引用 Book1 工作簿的 Sheet1 中的 A2 单元格数据，正确的引用是（　　　）。

    A. [Book1.xlsx] !sheet1$A$2　　　　　　B. [Book1.xls]Isheet1$A$2

    C. [Book1.xlsx] sheet1!$A$2　　　　　　D. [Book1.xls] sheet11$A$2

108. 在 Excel 2010 中，激活图表的正确方法有（　　　）。

    A. 按【F1】键　　　　　　　　　　B. 使用鼠标单击图表

    C. 按【Enter】键　　　　　　　　　D. 按【Tab】键

109. 在 Excel 2010 中，移动图表的方法是（　　　）。

    A. 将鼠标指针放在图表的边线上单击

    B. 将鼠标指针放在图表的尺寸控点上拖动

    C. 将鼠标指针放在图表内拖动

    D. 将鼠标指针放在图表内双击

110. 在 Excel 2010 中，删除图表中某数据系列的方法可以用（　　　）。

    A. 在图表中选中要清除的数据系列，然后按【Delete】键

    B. 在图表中选中要清除的数据系列，然后按【Enter】键

    C. 在图表中双击要清除的数据系列

    D. 以上都可以

111. 在 Excel 2010 中，已知 A1、B1 单元格中的数据为 33 和 35，C1 单元格中的公式为"A1+B1"，其他单元格均为空。若把 C1 中的公式复制到 C2，则 C2 显示为（　　　）。

    A. 88　　　　　　B. 0　　　　　　C. A1+B1　　　　D. 5 5

112. 在 Excel 2010 中，计算平均值的函数是（　　　）。

    A. COUNT　　　B. AVERAGE　　C. SUM　　　D. COUNTA

113. 在 Excel 2010 中，进行分类汇总前必须对数据表进行（　　　）。

    A. 筛选　　　　　B. 排序　　　　C. 建立数据库　　　D. 有效计算

114. 在 Excel 2010 中，可以使用（　　　）选项卡中的命令来设置是否显示编辑栏。

    A. 插入　　　　　B. 视图　　　　C. 开始　　　　D. 审阅

115. 在 Excel 2010 的工作界面中，（　　　）将显示在名称框中。

    A. 工作表名称　　B. 行号　　　　C. 列标　　　　D. 活动单元格地址

2.5　计算机网络基础

1. 下列 4 项内容中，不属于 Internet（因特网）基本功能的是（　　　）。

    A. 电子邮件　　　B. 文件传输　　C. 远程登录　　D. 实时监测控制

2. 下面电子邮件地址写法正确的是（　　　）。

    A. abcd163.com　　　　　　　　　B. abcd@163.com

    C. 163.com@abcd　　　　　　　　D. 163.comabcd

3. 请选择接收 E-mail 所有的网络协议（　　　）。

    A. POP3   B. SMTP   C. HTTP   D. FTP

4. 下面 4 个 IP 地址中，正确的是（   ）。

    A. 202.9.1.12   B. 256.9.23.1

    C. 202.188.200.34.55   D. 222.134.33.A

5. Internet 应用之一的 FTP 指的是（   ）。

    A. 用户数据协议   B. 简单邮件传输协议

    C. 超文本传输协议   D. 文件传输协议

6. 通过 Internet 可以（   ）。

    A. 查询、检索资料   B. 打国际长途电话，点播电视节目

    C. 点播电视节目，发送电子邮件   D. 以上都对

7. 目前网络传输介质中，传输速率最高的是（   ）。

    A. 双绞线   B. 同轴电缆   C. 光缆   D. 电话线

8. 电子邮件是（   ）。

    A. 网络信息检索服务

    B. 通过 Web 网页发布的公告信息

    C. 通过网络实时交换的信息传递服务

    D. 一种利用网络交换信息的非交互式服务

9. 互联网上的服务都基于某种协议，WWW 服务基于（   ）协议。

    A. POP3   B. SMTP   C. HTTP   D. TELNET

10. 计算机网络的目标是实现（   ）。

    A. 文件查询   B. 信息传输与数据处理

    C. 数据处理   D. 信息传输与资源共享

11. TCP/IP 协议中的 TCP 相当于 OSI 中的（   ）。

    A. 应用层   B. 网络层   C. 物理层   D. 传输层

12. 下面不属于顶级域名类型的是（   ）。

    A. com   B. uup   C. gov   D. net

13. Internet 属于（   ）。

    A. WAN   B. MAN   C. LAN   D. ISDN

14. IP 地址是由两部分组成，一部分是（   ）地址，一部分是主机地址。

    A. 服务器地址   B. 网络地址   C. 机构地址   D. 网卡地址

15. C 类 IP 地址的每个网络可以容纳（   ）台主机。

    A. 254   B. 100 万   C. 65535   D. 1700 万

16. WWW 的英文全称是（   ）。

    A. 因特网   B. 万维网   C. 电子邮件   D. 文件传输协议

17. 下列 IP 地址中，属于 A 类地址的是（   ）。

    A. 198.2.12.123   B. 129.5.5.5   C. 16.53.3.5   D. 191.5.87.127

18. 计算机网络中实现互联的计算机本身是可以进行（   ）工作的。

    A. 并行   B. 互相制约   C. 独立   D. 串行

19. 计算机病毒主要是造成（   ）的破坏和丢失。

　　A．磁盘　　　　　　B．主机　　　　　　C．光盘　　　　　　D．程序和数据

20. 下列 IP 地址中，属于 C 类地址的是（　　　）。

　　A．202.103.1.1　　B．16.3.4.5　　　　C．191.1.1.1　　　　D．111.1.1.1

21. 计算机病毒是一种（　　　）。

　　A．特殊的计算机部件　　　　　　　　B．特殊的生物病毒

　　C．游戏软件　　　　　　　　　　　　D．人为编制的特殊的计算机程序

22. LAN 通常是（　　　）。

　　A．广域网　　　　　B．资源子网　　　　C．城域网　　　　　D．局域网

23. OSI 参考模型的基本结构一共分为（　　　）。

　　A．7 层　　　　　　B．6 层　　　　　　C．5 层　　　　　　D．4 层

24. 为了能在 Internet 上正确通信，每台网络设备和主机都分配了唯一的地址，该地址是由数字并用小数点分隔开，它称为（　　　）。

　　A．TCP 地址　　　　　　　　　　　　B．IP 地址

　　C．WWW 客户机地址　　　　　　　　D．WWW 服务器地址

25. Internet 是（　　　）类型的网络。

　　A．局域网　　　　　B．城域网　　　　　C．广域网　　　　　D．企业网

26. 下列域名中，属于教育机构的是（　　　）。

　　A．www.hnhy.edu.cn　　　　　　　　B．ftp.cnc.ac.cn

　　C．www.cnnic.net.cn　　　　　　　　D．www.ioa.ac.cn

27. 计算机网络按其覆盖的范围，可划分为（　　　）。

　　A．星形结构、环形结构和总线结构　　B．局域网、城域网和广域网

　　C．以太网和移动通信网　　　　　　　D．电路交换网和分组交换网

28. 目前 IP 地址的编码采用固定的（　　　）位二进制地址格式。

　　A．8　　　　　　　B．16　　　　　　　C．32　　　　　　　D．64

29. 电子邮件地址有@分隔成两部分，其中@符号前为（　　　）。

　　A．本机域名　　　　B．用户名　　　　　C．机器名　　　　　D．密码

30. 按网络规模的大小划分，下列类型中不属于该划分方法的是（　　　）。

　　A．局域网　　　　　B．无线网　　　　　C．城域网　　　　　D．广域网

31. 下列不属于计算机网络拓扑结构的是（　　　）。

　　A．星形　　　　　　B．环形　　　　　　C．三角形　　　　　D．总线形

32. 从 www.nihao.edu.cn 可以看出，它是中国一个（　　　）部门的网站。

　　A．政府　　　　　　B．军事　　　　　　C．工商　　　　　　D．教育

33. 192.168.139.20 是 Internet 上一台计算机的（　　　）。

　　A．IP 地址　　　　B．域名　　　　　　C．名称　　　　　　D．命令

34. 下列关于网络病毒说法错误的是（　　　）。

　　A．网络病毒不会对网络传输造成影响

　　B．病毒传播速度快

　　C．传播媒介是网络

　　D．可通过电子邮件传播

35. 今天 Internet 的前身是（　　　）。

    A. Internet   B. Arpanet   C. Novell   D. LAN

36. 计算机网络是指（　　　）。

    A. 用网线将多台计算机连接

    B. 配有计算机网络软件的计算机外语学习网

    C. 用通信线路将多台计算机及外围设备连接，并配以相应的网络软件所构成的系统

    D. 配有网络软件的多台计算机和外围设备

37. 第三代计算机通信网络的网络体系结构与协议标准趋于统一，国际标准化组织建立了（　　　）参考模型。

    A. OSI   B. TCP/IP   C. HTTP   D. ARPA

38. 在计算机网络中，通常把提供并管理共享资源的计算机称为（　　　）。

    A. 服务器   B. 工作站   C. 网关   D. 网桥

39. 图书馆内部的一个计算机网络系统属于（　　　）。

    A. 局域网   B. 城域网   C. 广域网   D. 互联网

40. IE 浏览器的"收藏夹"的主要作用是收藏（　　　）。

    A. 文档   B. 电子邮件   C. 图片   D. 网址

41. www.gxeea.cn 中的 cn 表示（　　　）。

    A. 广西   B. 中国   C. 美国   D. 英国

42. 接入 Internet 的每台计算机都有一个唯一的（　　　）。

    A. DNS   B. WWW   C. IP   D. HTTP

43. IPv4 协议中的这个地址采用（　　　）二进制编码。

    A. 16 位   B. 32 位   C. 64 位   D. 128 位

44. 常用网络设备不包括（　　　）。

    A. 网卡（NIC）   B. 集线器（Hub）

    C. 交换机（Switch）   D. 显示卡（VGA）

45. 通常意义上的网络黑客是指：通过互联网利用非正常手段（　　　）。

    A. 发布信息的人   B. 在网络上行骗的人

    C. 入侵他人计算机系统的人   D. 晚上上网的人

46. 使用浏览器访问网站时，网站上第一个被访问的网页称为（　　　）。

    A. 网页   B. 网站   C. HTML 语言   D. 主页

47. 在 IE 浏览器中单击"刷新"按钮，则（　　　）。

    A. 终止当前页的访问，返回空白页   B. 自动下载浏览器更新程序并安装

    C. 更新当前显示的网页   D. 浏览器会新建一个当前窗口

48. 计算机病毒可以通过多种途径传染，其中传播速度最快的传染途径是通过（　　　）。

    A. U 盘   B. 硬盘   C. 光盘   D. 网络

49. 计算机病毒具有很强的破坏性，导致（　　　）。

    A. 烧毁 CPU   B. 破坏程序和数据

    C. 损坏显示器   D. 磁盘物理损坏

50. 采用（　　　）安全防范措施，不但能防止来自外部网络的恶意入侵，也可以限制内部

网络计算机对外的通信。

    A. 防火墙   B. 调制解调器   C. 反病毒软件   D. 网卡

51. 电子邮件到达时，收件人的计算机没有开机，那么该电子邮件将（   ）。

    A. 永远不再发送   B. 保存在服务商 ISP 的主机上

    C. 退回给发件人   D. 需要对方再重新发送

52. 域名与 IP 地址通过（   ）来转换。

    A. E-mail   B. WWW   C. DNS   D. FTP

53. 设置 IE 浏览器的主页，可以在（   ）中进行。

    A. "Internet 选项"框中"连接"选项卡下的"地址"文本框

    B. "Internet 选项"框中"内容"选项卡下的"地址"文本框

    C. "Internet 选项"框中"安全"选项卡下的"地址"文本框

    D. "Internet 选项"框中"常规"选项卡下的"地址"文本框

54. 中国教育科研计算机网用（   ）表示。

    A. CERNET   B. ISDN   C. CSTNET   D. CHINAGBNET

55. 计算机信息安全技术分为两个层次，其中第一层次为（   ）。

    A. 计算机系统安全   B. 计算机数据安全

    C. 计算机物理安全   D. 计算机网络安全

56. 计算机网络按通信方式来划分，可以分为（   ）。

    A. 局域网、城域网和广域网   B. 外网和内网

    C. 点对点传输网络和广播式传输网络   D. 高速网和低速网

57. 计算机网络的拓扑结构是指（   ）。

    A. 网络的通信线路的物理连接方法

    B. 网络的通信线路和节点的连接关系和几何结构

    C. 互相通信的计算机之间的逻辑关系

    D. 互连计算机的层次划分

58. 局域网由（   ）统一指挥，调度资源，协调工作。

    A. 网络操作系统   B. 磁盘操作系统 DOS

    C. 网卡   D. Windows 7

59. 实现文件传输（FTP）有很多工具，它们的工作界面有所不同，但是实现文件传输都要（   ）。

    A. 通过电子邮箱收发文件   B. 将本地计算机与 FTP 服务器连接

    C. 通过搜索引擎实现通讯   D. 借助微软公司的文件传输工具 FPT

60. 计算机信息安全之所以重要，受到各国的广泛重视，主要是因为（   ）。

    A. 用户对计算机信息安全的重要性认识不足

    B. 计算机应用范围广，用户多

    C. 计算机犯罪增多，危害大

    D. 信息资源的重要性和计算机系统本身固有的脆弱性

61. 下列叙述中，（   ）不是预防计算机病毒的可行方法。

    A. 切断一切与外界交换信息的渠道   B. 对计算机网络采取严密的安全措施

C. 对系统关键数据做备份
D. 不使用来历不明的、未经检测的软件

62. 使用（　　）是保证数据安全行之有效的方法，它可以消除信息被窃取、丢失等影响数据安全的隐患。

    A. 密码技术　　　　B. 杀毒软件　　　　C. 数据签名　　　　D. 备份数据

63. 下列关于防火墙的描述中，不正确的是（　　）。

    A. 防火墙可以提供网络是否受到监测的详细记录

    B. 防火墙可以防止内部网信息外泄

    C. 防火墙是一种杀灭病毒设备

    D. 防火墙可以是一组硬件设备，也可以是实施安全控制策略的软件

64. 下面关于密码的设置，不够安全的是（　　）。

    A. 建议经常更新密码

    B. 密码最好是数字、大小写字母、特殊符号的组合

    C. 密码的长度最好不要少于 6 位

    D. 为了方便记忆，使用自己或家人的名字、电话号码

65. 为了防止新型病毒对计算机系统造成伤害，应对已安装的防病毒软件进行及时（　　）。

    A. 升级　　　　B. 分析　　　　C. 检查　　　　D. 启动

66. 下列属于计算机网络所特有的设备是（　　）。

    A. 显示器　　　　B. UPS 电源　　　　C. 服务器　　　　D. 鼠标

67. 在计算机网络中，表征数据传输可靠性的指标是（　　）。

    A. 传输率　　　　B. 误码率　　　　C. 信息容量　　　　D. 频带利用率

68. 计算机网络分类主要依据（　　）。

    A. 传输技术与覆盖范围　　　　　　B. 传输技术与传输介质

    C. 互连设备的类型　　　　　　　　D. 服务器的类型

69. 网络的传输速率是 10 Mbit/s，其含义是（　　）。

    A. 每秒传输 10 MB 字节　　　　　　B. 每秒传输 10 MB 二进制位

    C. 每秒可以传输 10 MB 个字符　　　D. 每秒传输 10000000 二进制位

70. 在广域网中使用的网络互连设备是（　　）。

    A. 集线器　　　　B. 网桥　　　　C. 交换机　　　　D. 路由器

71. 网卡又可称为（　　）。

    A. 中继器　　　　B. 路由器　　　　C. 集线器　　　　D. 网络适配器

72. 构成网络协议的三要素是（　　）。

    A. 结构、接口与层次　　　　　　　B. 语法、原语与接口

    C. 语义、语法与时序　　　　　　　D. 层次、接口与服务

73. 远程登录服务是（　　）。

    A. DNS　　　　B. FTP　　　　C. SMTP　　　　D. TELNET

74. SMTP 指的是（　　）。

    A. 文件传输协议　　　　　　　　　B. 用户数据报协议

    C. 简单邮件传输协议　　　　　　　D. 域名服务协议

75. HTML 是（　　）的描述语言。

A. 网站　　　　　　 B. JAVA　　　　　 C. WWW　　　　　　 D. SMTP

76. 接入因特网，从大的方面来看，有（　　　　）两种方式。

A. 专用线路接入和 DDN　　　　　　 B. 专用线路接入和电话线拨号

C. 电话线拨号和 PPP/SLIP　　　　　 D. 仿真终端和专用线路接入

77. Internet Explorer 8.0 可以播放（　　　　）。

A. 文本　　　　　 B. 图片　　　　　 C. 声音　　　　　 D. 以上都可以

78. 访问某个网页时显示"该页无法显示"，可能是因为（　　　　）。

A. 网址不正确　　　　　　　　　　 B. 没有连接 Internet

C. 网页不存在　　　　　　　　　　 D. 以上都有可能

79. 下面关于域名内容正确的是（　　　　）

A. CN 代表中国，COM 代表商业机构　 B. CN 代表中国，EDU 代表科研机构

C. UK 代表美国，GOV 代表政府机构　 D. UK 代表中国，AC 代表教育机构

80. 主机域名 WWW.EASTDAY.COM 中，（　　　　）表示网络名。

A. WWW　　　　　 B. EASTDAY　　　　 C. COM　　　　　 D. 以上都不是

81. 若某一用户要拨号上网，（　　　　）是不必要的。

A. 一个路由器　　　　　　　　　　 B. 一个调制解调器

C. 一个上网账号　　　　　　　　　 D. 一条普通的电话线

82. 下面属于因特网服务的是（　　　　）。

A. FTP 服务、TELNET 服务、匿名服务、邮件服务、万维网服务

B. FTP 服务、TELNET 服务、专题讨论、邮件服务、万维网服务

C. 交互式服务、TELNET 服务、专题讨论、邮件服务、万维网服务

D. FTP 服务、匿名服务、专题讨论、邮件服务、万维网服务

83. HTTP 的中文意思是（　　　　）。

A. 布尔逻辑搜索　 B. 电子公告牌　　 C. 文件传输协议　 D. 超文本传输协议

84. 关于 WWW 说法，不正确的是（　　　　）。

A. WWW 是一个分布式超媒体信息查询系统

B. 是因特网上最为先进的，但尚不具有交互性

C. 万维网包括各种各样的信息，如文本、声音、图像和视频等

D. 万维网采用了"超文本"的技术，使得用户通过简单的办法就可获得因特网上的各
种信息

85. 下列关于 FTP 的说法不正确的是（　　　　）。

A. FTP 是因特网上文件传输的基础，通常所说的 FTP 是基于该协议的一种服务

B. FTP 文件传输服务只允许传输文本文件和二进制可执行文件

C. FTP 可以在 UNIX 主机和 Windows 系统之间进行文件的传输

D. 考虑到安全问题，大多数匿名服务器不允许用户上传文件

86. 目前，一台计算机要连入 Internet，必须安装的硬件是（　　　　）。

A. 调制解调器或网卡　　　　　　　 B. 网络操作系统

C. 网络查询工具　　　　　　　　　 D. WWW 浏览器

87. Internet 是一个覆盖全球的大型互连网络，它用于连接多个远程网与局域网的互连设备

主要是（　　　）。

    A. 网桥   B. 防火墙   C. 主机   D. 路由器

88. 用 IE 浏览上网时，要进入某一网页，可在 IE 的 URL 栏中输入该网页的（　　　）。

    A. 只能是 IP 地址   B. 只能是域名

    C. 实际的文件名称   D. IP 地址或域名

89. 浏览器的标题栏显示"脱机工作"，则表示（　　　）。

    A. 计算机没有开机   B. 计算机没有连接因特网

    C. 实际的文件名称   D. 以上说法都不对

90. 利用 Internet Explorer 8.0 主界面"工具"菜单中的"Internet 选项"命令，可以完成下面的（　　　）功能。

    A. 设置主页   B. 设置字体   C. 设置安全级别   D. 以上都可以

91. 一封完整的电子邮件由（　　　）。

    A. 信头和信体组成   B. 信体和附件组成

    C. 主体和信体组成   D. 主题和附件组成

92. 电子邮件协议 SMTP 和 POP3 属于 TCP/IP 的（　　　）。

    A. 最高层   B. 次高层   C. 第二层   D. 最低层

93. 使用 @163.com 邮件转发功能可以（　　　）。

    A. 将邮件转到指定的电子信箱   B. 自动回复邮件

    C. 邮件不会保存在收件箱   D. 可以保存在草稿箱

94. 使用电子邮件的首要条件是要拥有一个（　　　）。

    A. 网页   B. 网站   C. 计算机   D. 电子邮件地址

95. elle@nankai.edu.cn 是一种典型的用户（　　　）。

    A. 数据   B. 硬件地址   C. 电子邮件地址   D. WWW 地址

96. 保证网络安全的最主要因素是（　　　）。

    A. 拥有最新的防毒防黑软件   B. 使用高档机器

    C. 使用者的计算机安全素养   D. 安装多层防火墙

97. 保证网络安全最重要的核心策略之一是（　　　）。

    A. 身份验证和访问控制

    B. 身份验证和加强教育、提高网络安全防范意识

    C. 访问控制盒加强教育、提高网络安全防范意识

    D. 以上答案都不对

98. Internet 上访问 Web 信息的浏览器，下列（　　　）不是 Web 浏览器。

    A. Internet Explorer   B. Navigate Communicator

    C. Opera   D. Foxmail

99. 调制解调器（Modem）包括调制和解调功能，其中调制功能是指（　　　）。

    A. 将模拟信号转换成数字信号   B. 将数字信号转换成模拟信号

    C. 将光信号转换为电信号   D. 将电信号转换为光信号

100. OSI（开放系统互连）参考模型的最高层是（　　　）。

    A. 表示层   B. 网络层   C. 应用层   D. 会话层

2.6 数据库技术基础

1. 用二维关系来表示实体之间联系的数据模型是（   ）。

    A. 关系模型　　　　B. 层次模型　　　　C. 网状模型　　　　D. 树状模型

2. Access 2010 数据库的扩展名是（   ）。

    A. .xls　　　　　　B. .accdb　　　　　C. .dbf　　　　　　D. .ora

3. 数据库、数据库管理系统、数据库系统三者之间的关系是（   ）。

    A. 数据库管理系统包含数据库和数据库系统

    B. 数据库系统包含数据库管理系统和数据库

    C. 数据库包含数据库管理系统和数据库系统

    D. 三者之间没有包含关系

4. 数据表最明显的特性，也是关系型数据库数据存储的特性是（   ）。

    A. 数据按主题分类存储　　　　　　　B. 数据按行列存储

    C. 数据存储在表中　　　　　　　　　D. 数据只能是文字信息

5. 对数据表结构进行修改，主要是在数据表的（   ）视图中进行。

    A. 数据表　　　　B. 数据透视表　　　C. 设计　　　　　D. 数据透视图

6. 关系数据模型（   ）。

    A. 只能表示实体间的 1:1 关系　　　　B. 只能表示实体间的 1:n 关系

    C. 只能表示实体间的 m:n 关系　　　　D. 上述三种联系

7. Access 2010 的表关系有 3 种，即一对一、一对多和多对多，其中需要中间表作为关系桥梁的是（   ）关系。

    A. 一对一　　　　B. 一对多　　　　　C. 多对多　　　　　D. 各种关系都有

8. Access 提供的数据类型中不包括（   ）。

    A. 数字　　　　　B. 货币　　　　　　C. 日期/时间　　　D. 图片

9. Access 2010 数据库系统是（   ）。

    A. 网络数据库　　B. 层次数据库　　　C. 关系数据库　　　D. 链状数据库

10. 如果让用户按指定的格式输入数据，应该设（   ）属性。

    A. 格式　　　　　B. 输入掩码　　　　C. 有效性规则　　　D. 字段大小

11. 下面选项可以在数据表视图中进行修改的是（   ）。

    A. 字段名　　　　B. 数据类型　　　　C. 主键　　　　　　D. 字段属性

12. 查询的数据源可以是（   ）。

    A. 数据表　　　　B. 查询　　　　　　C. 表或查询　　　　D. 窗体

13. 创建查询可以（   ）。

    A. 利用查询向导　　　　　　　　　　B. 使用查询"设计视图"

    C. 使用 SQL 查询　　　　　　　　　　D. 使用以上 3 种方法

14. 参数查询利用（   ），提示用户输入查询参数。

    A. 对话框　　　　B. 中括号　　　　　C. 窗口　　　　　　D. 菜单

15. 将表 A 中的记录添加到表 B 中，要求保持表 B 中原有的记录，可以使用的查询是（   ）。

    A. 参数查询　　　B. 选择查询　　　　C. SQL 查询　　　　D. 操作查询

16. 下列关于表间关系，说法不正确的是（   ）
    A. 在 Access 中，多对多的关系可以转换为多个一对多的关系
    B. 关系双方至少有一方为主关键字
    C. 通过公共字段建立关系
    D. 在 Access 中，两个表间可以建立多对多的关系

17. 下列关于主键的说法，错误的是（   ）。
    A. 主键可以是自动编号型字段
    B. 主键可以是多个字段的组合
    C. 在一个表中只能指定一个字段作为主关键字
    D. 在向数据表中输入数据时，主键字段的值不能重复

18. 下列关于窗体的说法中不正确的是（   ）。
    A. 可以使用图片对象来美化窗体   B. 窗体是用户和数据库的接口
    C. 窗体可以控制应用程序的运行   D. 窗体只能输入数据

19. 窗体设计视图可以包含 5 个部分，其中每个部分称为一个（   ）。
    A. 节   B. 段   C. 页   D. 视图

20. 用于创建或修改窗体的是（   ）。
    A. 设计视图   B. 窗体视图   C. 数据表视图   D. 数据透视表视图

21. 窗体是 Access 数据库中的对象，通过窗体用户可以完成下列（   ）功能。
    A. 输入数据   B. 编辑数据
    C. 显示和查询表中的数据   D. 以上都是

22. 如果要在报表中进行分组统计，应该设置（   ）。
    A. 组页眉   B. 窗体页眉   C. 页面页眉   D. 主体

23. 假设数据库中表 A 与表 B 建立了一对多的关系，表 B 为"多"方，则下述说法中正确的是（   ）。
    A. 表 A 中的一个记录能与表 B 中的多个记录匹配
    B. 表 B 中的一个记录能与表 A 中的多个记录匹配
    C. 表 A 中的一个字段能与表 B 中的多个字段匹配
    D. 表 B 中的一个字段能与表 A 中的多个字段匹配

24. 数据表中的"行"称为（   ）。
    A. 字段   B. 属性   C. 记录   D. 数据视图

25. 下列不属于 Access 窗体的视图是（   ）。
    A. 设计视图   B. 窗体视图   C. 版面视图   D. 数据表视图

26. 在数据表视图中，不能（   ）。
    A. 修改字段的类型   B. 修改字段的名称
    C. 删除一个字段   D. 删除一条记录

27. 数据类型是（   ）。
    A. 字段的另一种说法
    B. 决定字段能包含哪类数据的设置
    C. 一类数据库应用程序

　　　D. 一类用来描述 Access 表向导允许从中选择的字段名称

28. 报表与窗体的主要区别在于（　　　　）。

　　　A. 窗体和报表中都可以输入数据

　　　B. 窗体可以输入数据，而报表不能输入数据

　　　C. 窗体和报表中都不可以输入数据

　　　D. 窗体不可以输入数据，而报表中能输入数据

29. 在关于报表数据源设置的叙述中，以下正确的是（　　　　）。

　　　A. 可以是任意对象　　　　　　　　B. 只能是表对象

　　　C. 只能是查询对象　　　　　　　　D. 可以是表对象或查询对象

30. （　　　）是数据库中数据通过显示器或打印机输出的特有形式。

　　　A. 报表　　　　　　B. 窗体　　　　　　C. 宏　　　　　　D. 对象

31. 以下叙述正确的是（　　　　）。

　　　A. 报表只能输入数据　　　　　　　B. 报表只能输出数据

　　　C. 报表可以输入输出数据　　　　　D. 报表不能输入/输出数据

2.7 多媒体技术基础

1. 多媒体计算机系统的两大组成部分是（　　　　）。

　　　A. 多媒体器件和多媒体主机

　　　B. 音箱和声卡

　　　C. 多媒体输入设备和多媒体输出设备

　　　D. 多媒体计算机硬件系统和多媒体计算机软件系统

2. 多媒体技术的主要特性有（　　　　）。

　　　A. 交互性　　　　　B. 多样性　　　　　C. 集成性　　　　　D. 以上都是

3. 下列硬件设备中（　　　）是多媒体硬件系统必不可少的。

　　　A. 计算机硬件基本配置　　　　　　B. CD-ROM

　　　C. 音频输入、输出和处理设备　　　D. 以上都是

4. 以下不属于多媒体计算机应用软件的是（　　　　）。

　　　A. 多媒体课件　　　　　　　　　　B. 多媒体编辑与创作工具

　　　C. 多媒体演示系统　　　　　　　　D. 多媒体模拟系统

5. 多媒体计算机的系统软件主要包括（　　　　）及多媒体设备驱动程序。

　　　A. 多媒体操作系统软件　　　　　　B. 多媒体素材制作软件

　　　C. 多媒体编辑与创作工具　　　　　D. 以上都是

6. 一般认为，多媒体技术研究的兴起从（　　　　）开始。

　　　A. 1972 年，Philips 展示播放电视节目的激光视盘

　　　B. 1984 年，美国 Apple 公司推出 Macintosh 系统机

　　　C. 1986 年，Philips 和 Sony 公司宣布发明了交互式光盘系统 CD-1

　　　D. 1987 年，美国 RCA 公司展示了交互式数字视频系统 DVI

7. 一般说来，要求声音的质量越高，则（　　　　）。

　　　A. 量化级数越低和采样频率越低　　　B. 量化级数越高和采样频率越高

    C. 量化级数越低和采样频率越高   D. 量化级数越高和采样频率越低

8. 5 分钟双声道、16 位采样位数、44.1k 采样频率声音的不压缩数据量是（   ）。

    A. 50.47 MB   B. 52.92 MB   C. 201.87 MB   D. 25.23 MB

9. 以下文件类型中，（   ）是音频格式。

    A. WAV   B. AVI   C. BMP   D. JPG

10. 在多媒体声音技术中，常见的 CD 激光唱盘所采用的采样频率为（   ）。

    A. 11.025 kHz   B. 22.05 kHz   C. 44.1   D. 88.2 kHz

11. 声音数字化的质量主要取决于（   ）等参数。这些参数的大小不仅影响到声音的播放质量，还与存储声音信号需要的存储空间有直接的关系。

    A. 采样频率   B. 量化位数   C. 声道数   D. 以上都是

12. 下列说法不正确的是（   ）。

    A. 图像都是由一些排成行列的像素组成的，通常称位图或点阵图

    B. 图形是用计算机绘制的画面，称为矢量图

    C. 图像的最大优点是容易进行移动、缩放、旋转和扭曲等变换

    D. 图形文件中只记录生成图的算法和图上的某些特征点，数据量较小

13. 下列关于图形和图像的说法，正确的是（   ）。

    A. 矢量图的基本单元是像素

    B. 对矢量图进行放大，不会影响图形的清晰度和光滑度

    C. 位图往往比矢量图占用空间更少

    D. 用"画图"程序既可以绘制位图也可以绘制矢量图

14. 一般情况下，描述图像的最小单位是（   ）。

    A. 像素   B. 英寸   C. 厘米   D. 毫米

15. 下列关于 dpi 的叙述，不正确是的（   ）。

    A. 每英寸的 bit 数   B. 描述分辨率的单位

    C. dpi 越高，图像质量越高   D. 每英寸像素点

16. 在多媒体计算机中常用的图像输入设备是（   ）。

    A. 数码照相机   B. 彩色扫描仪   C. 数码摄像机   D. 以上都是

17. 下列文件格式中，不属于图像文件格式的是（   ）。

    A. JPEG   B. WAVE   C. BMP   D. PSD

18. 下列功能中，（   ）不属于 MPC 的图形、图像处理能力的基本要求。

    A. 可产生丰富形象逼真的图形

    B. 实现三维动画

    C. 可以逼真、生动地显示彩色静止图像

    D. 实现一定程度的二维动画

19. 既可以存储静态图像，又可以存储动画的图像文件格式的是（   ）。

    A. BMP   B. GIF   C. TIFF   D. JPEG

20. 用 Windows 附件中的"画图"程序绘制一张 800×600 像素的 24 位色图片，分别用 BMP 格式和 JPEG 格式保存，则这两个文件的大小是（   ）。

    A. BMP 格式的大   B. JPEG 格式的大

C. 一样大   D. 不能确定

21. 存储一幅没有经过压缩的 1024×768 像素、24 位真彩色的图像需要的字节数约为（   ）。
    A. 768 KB   B. 1.5 MB   C. 2.25 MB   D. 18 MB

22. 目前多媒体计算机中对动态图像数据进行压缩常采用（   ）格式。
    A. JPEG   B. GIF   C. MPEG   D. BMP

23. 下面关于数字视频质量、数据量、压缩比的关系的论述，正确的是（   ）。
    A. 数字视频质量越高，数据量越大
    B. 随着压缩比的增大，解压后数字视频质量开始下降
    C. 压缩比越大，数据量越小
    D. 以上都正确

24. 下列多媒体软件中，属于 Windows 自带的是（   ）。
    A. Media Player   B. GoldWave   C. Winamp   D. Real Play

25. 关于 PowerPoint 功能描述中，说法正确的是（   ）。
    A. 用来进行文档处理   B. 用来制作电子表格
    C. 一种关系数据库管理系统   D. 用来制作演示文稿

26. PowerPoint 2010 运行于（   ）环境下。
    A. UNIX   B. DOS   C. Macintosh   D. Windows

27. 在 PowerPoint 2010 中，设置文本的段落格式的行距时，设置的行距值是指（   ）。
    A. 文本中行与行间的距离用相对的数值表示大小
    B. 行与行间的实际距离，单位是毫米
    C. 行间距在显示时的像素个数
    D. 以上都不对

28. 在"幻灯片浏览视图"模式下，不允许进行的操作是（   ）。
    A. 幻灯片移动和复制   B. 幻灯片切换
    C. 幻灯片删除   D. 设置动画效果

29. 在 PowerPoint 2010 的编辑状态下，设置了标尺，能同时显示水平标尺和垂直标尺的视图方式是（   ）。
    A. 普通视图   B. 幻灯片浏览视图
    C. 普通视图和备注页视图   D. 幻灯片放映视图

30. 在 PowerPoint 2010 中，关于新建演示文稿的说法，正确的是（   ）。
    A. 只能使用"主题"   B. 只能"样本模板"
    C. 只能使用"空白演示文稿"   D. 可以使用以上 3 种方法

31. 在 PowerPoint 2010 中，不能对幻灯片中的文本和对象进行编辑的视图方式是（   ）。
    A. 幻灯片浏览视图   B. 大纲视图
    C. 幻灯片视图   D. 备注页视图

32. 若要在自选的形状上添加文本，则要（   ）。
    A. 右击插入的图形，再选择"添加文本"命令
    B. 直接在图形上编辑
    C. 另存到图像编辑器编辑

D. 从记事本上粘贴

33. PowerPoint 2010 模板文件的扩展名为（ 　　 ）。

    A. pptx   B. ppsx   C. potx   D. html

34. 在 PowerPoint 2010 中，以下关于统一改变幻灯片外观的操作中，正确的说法是（ 　　 ）。

    A. "幻灯片版式"可以设置演示文稿中所有幻灯片的外观

    B. "应用设计模板"命令既可设置所有幻灯片的外观，也可设置选定的某一张幻灯片的外观

    C. "主题样式"命令只能设置所有幻灯片的外观，不能设置选定的某一张幻灯片的外观

    D. "背景样式"命令既可设置所有幻灯片的外观，也可设置选定的某一张幻灯片的外观

35. 在 PowerPoint 2010 中，有关选定幻灯片的说法中，错误的是（ 　　 ）。

    A. 在浏览视图中单击幻灯片，即可选定

    B. 如果要选定多张不连续的幻灯片，在浏览视图下按住【Ctrl】键并单击各张幻灯片

    C. 如果要选定多张不连续的幻灯片，在浏览视图下按住【Shift】键并单击最后要选定的幻灯片

    D. 在幻灯片放映视图下，也可以选定多个幻灯片

36. 幻灯片的切换方式是指（ 　　 ）。

    A. 在编辑新幻灯片时的过渡效果

    B. 在编辑幻灯片时切换不同视图

    C. 在编辑幻灯片时切换不同的设计模板

    D. 在幻灯片放映时两张幻灯片间的过渡效果

37. 在 PowerPoint 2010 中，安排幻灯片对象的布局可选择（ 　　 ）来设置。

    A. 应用设计模板   B. 幻灯片版式   C. 背景样式   D. 主题方案

38. 在 PowerPoint 2010 中，"页面设置"对话框可以设置幻灯片的（ 　　 ）。

    A. 大小、颜色、方向、起始编号

    B. 大小、宽度、高度、起始编号、方向

    C. 大小、页眉页脚、方向、起始编号

    D. 宽度、高度、打印范围、介质类型、方向

39. 在 PowerPoint 2010 中设置动画效果时，有（ 　　 ）两种不同的动画设置。

    A. 有声音和无声音   B. 活动幻灯片和静止幻灯片

    C. 幻灯片内和幻灯片间   D. 文字效果和图片效果

40. 在 PowerPoint 2010 中，通过"设置背景格式"对话框可对演示文稿进行背景和颜色的设置，打开"设置背景格式"对话框的正确方法是（ 　　 ）。

    A. 单击"开始"选项卡"背景样式"中的"设置背景格式"按钮

    B. 单击"设计"选项卡"背景样式"中的"设置背景格式"按钮

    C. 单击"插入"选项卡"背景样式"中的"设置背景格式"按钮

    D. 单击"切换"选项卡"背景样式"中的"设置背景格式"按钮

41. 在"幻灯片浏览"视图下，用户可方便地对幻灯片进行选择幻灯片、删除幻灯片、复制幻灯片和（ 　　 ）4 种操作。

    A. 隐藏幻灯片   B. 移动幻灯片   C. 折叠幻灯片   D. 展开幻灯片

42. 在 PowerPoint 2010 中，创建表格之前首先需要执行下述（　　　）操作。
    A. 重新启动计算机
    B. 关闭其他应用程序
    C. 打开一个演示文稿，并切换到要插入图片的幻灯片中
    D. 以上操作都不正确

43. 在 PowerPoint 2010 中，关于幻灯片的删除，以下叙述正确的是（　　　）。
    A. 可以在各种视图中删除幻灯片，包括在幻灯片放映视图中
    B. 只能在幻灯片浏览视图和幻灯片视图中删除幻灯片、
    C. 可以在各种视图中删除幻灯片，但不能在幻灯片放映视图中删除
    D. 在幻灯片视图中不能删除幻灯片

44. 在 PowerPoint 2010 中，关于幻灯片格式化的正确叙述是（　　　）。
    A. 幻灯片格式化是指文字格式化和段落格式化
    B. 幻灯片格式化是指文字、段落及对象的格式化和对象格式的复制
    C. 幻灯片的对象格式化和对象格式的复制，不属于幻灯片格式化
    D. 幻灯片的文字格式化，不属于幻灯片格式化

45. 在 PowerPoint 2010 中，不能设置动画效果的操作是（　　　）。
    A. 单击"动画"选项卡中的"添加动画"按钮
    B. 单击"动画"选项卡中的"动画窗格"按钮
    C. 单击"插入"选项卡中的"动作"按钮
    D. 单击"切换"选项卡中的"切换"按钮

46. 在 PowerPoint 2010 中，下面有关在演示文稿中插入超链接的错误叙述是（　　　）。
    A. 利用插入的超链接，可跳转到其他演示文稿
    B. 单击"幻灯片放映"选项卡中的动作按钮，可创建超链接
    C. 单击"插入"选项卡中的"超链接"按钮，可创建超链接
    D. 单击"插入"选项卡中的"超链接"按钮，不能跳转到某公司的网址

47. 在 PowerPoint 2010 中，用鼠标指针指向当前演示文稿幻灯片中带下画线的文本时，鼠标指针呈手形，单击后，可立即显示 Excel 电子表格，这是（　　　）效果。
    A. 设置幻灯片切换   B. 超链接
    C. 设置动画   D. 系统默认

48. 在 PowerPoint 2010 中，建立超链接时，不能作为链接目标的是（　　　）。
    A. 文档中的某一位置
    B. 本地计算机中的某一文件
    C. 局域网中其他主机中共享文件的某一位置
    D. Internet 上某一网页

49. PowerPoint 2010 的"设计"选项卡包含（　　　）。
    A. 页面设置、主题方案和背景样式   B. 幻灯片版式、主题方案和动画方案
    C. 页面设置、主题方案和动画方案   D. 幻灯片切换、背景和动画方案

50. PowerPoint 2010 提供了多种（　　　），它包含了相应的配色方案、母版和字体样式等，可供用户快速生成风格统一的演示文稿。
    A. 幻灯片版式   B. 样本模板   C. 母版   D. 幻灯片

51. 关于 PowerPoint 2010 的主题配色正确的描述是（　　　）。

    A. 主题方案的颜色用户不能更改

    B. 主题方案只能应用到某张幻灯片

    C. 主题方案不能删除

    D. 应用新主题配色方案，不会改变进行了单独设置颜色的幻灯片颜色

52. "动作设置"对话框中的"鼠标移过"表示（　　　）。

    A. 所设置的按钮采用单击鼠标执行动作的方式

    B. 所设置的按钮采用双击鼠标执行动作的方式

    C. 所设置的按钮采用自动执行动作的方式

    D. 所设置的按钮采用鼠标移过时执行动作的方式

53. "动画"选项卡的功能是（　　　）。

    A. 给幻灯片内的对象添加动画效果　　　B. 插入 Flash 动画

    C. 设置放映方式　　　　　　　　　　　D. 设置切换方式

54. 作者名字出现在所有的幻灯片中，应将其加入到（　　　）中。

    A. 幻灯片母版　　　B. 标题母版　　　C. 备注母版　　　D. 讲义母版

55. 在 PowerPoint 2010 中，设置幻灯片放映时的换页效果为垂直百叶窗，应使用幻灯片放映菜单下的（　　　）选项。

    A. 动作按钮　　　B. 幻灯片切换　　　C. 动画方案　　　D. 动作设置

56. 在 PowerPoint 2010 中，下列关于表格的说法，错误的是（　　　）。

    A. 可以向表格中插入新行和新列　　　B. 不能合并和拆分单元格

    C. 可以改变行高和列宽　　　　　　　D. 可以给表格设置边框

57. 在 PowerPoint 2010 中，设置在"展台浏览（全屏幕）"放映方式后，将导致（　　　）。

    A. 不能用鼠标控制，可以用【Esc】键退出

    B. 自动循环播放，可以看到菜单

    C. 不能用鼠标键盘控制，无法退出

    D. 鼠标右击无效，但双击可以退出

58. 不属于演示文稿的放映方式的是（　　　）。

    A. 演讲者放映（全屏幕）　　　　　　B. 观众自行浏览（窗口）

    C. 在展台浏览（全屏幕）　　　　　　D. 定时浏览（全屏幕）

59. 在 PowerPoint 2010 中，如要终止幻灯片的放映，可直接按（　　　）键。

    A.【Ctrl+C】　　　B.【Esc】　　　C.【End】　　　D.【Alt+F4】

60. 要使幻灯片在放映时能自动播放，需要为其设置（　　　）。

    A. 超链接　　　B. 动作按钮　　　C. 排练计时　　　D. 录制旁白

2.8　信息获取与发布

1. 以下（　　　）不是信息的基本特性。

    A. 可共享传递　　　B. 载体依附性　　　C. 可变换性　　　D. 虚假性

2. 个人用户基于因特网发布信息的途径有多种，以下（　　　）不属于因特网发布信息的途径。

    A. 即时通信　　　B. 博客　　　C. 收看数字电影　　D. BBS

3. 因特网的信息资源丰富，获取方便，但虚假信息也很容易发布，主要原因是（　　）。
　　A. 管理无序　　　　B. 分布广泛　　　　C. 格式多样　　　　D. 传播迅速

4. 以下关于因特网搜索引擎的说法，正确的是（　　）。
　　A. 无论什么信息都可以用搜索引擎找到
　　B. 输入相同的关键词，不同的搜索引擎查找到的信息不完全相同
　　C. 不同用户使用相同的目录索引搜索引擎得到的搜索结果相同
　　D. 搜索引擎每次搜索得到的信息越多，其性能越好

5. 以下关于全文检索搜索引擎的说法，正确的是（　　）。
　　A. 提供全文检索搜索引擎的网站需要预先在因特网上收集各种信息
　　B. 全文检索搜索引擎因为使用用户提供的关键词来检索，得到的信息当然满足用户需要
　　C. 全文检索搜索引擎不会得到重复的信息
　　D. 全文检索搜索引擎优于目录索引搜索引擎

6. 访问科技文献数据库系统和专题网站比一般的信息网站有着极大的优势，主要体现在（　　）。
　　A. 可以提高检索的效率
　　B. 可以得到与学科、专业密切相关的信息，并且具有专业性、权威性强的特点
　　C. 可以节省使用费
　　D. 可以定期得到指定类别的信息

7. 科技查新必须由（　　）进行。
　　A. 重点大学　　　　　　　　　　B. 国家级图书馆
　　C. 用户自己　　　　　　　　　　D. 具有查新业务资质的查新机构

8. 网站与网页的区别在于（　　）。
　　A. 网站必须由专业人员建立和维护，网页可以由业余用户制作
　　B. 网页可以存放在任何 PC 上，网站必须存放在服务器上
　　C. 网页是一种 HTML 格式的文件，一个网站包含很多网页
　　D. 网站必须注册登记，网页不必注册登记

9. 站点的发布是指（　　）。
　　A. 制作网页并建立超链接
　　B. 将站点上传到一台运行 Web 服务器程序的计算机上
　　C. 给站点申请到 IP 地址
　　D. 站点到因特网管理机构登记注册

10. HTTP 是一种（　　）。
　　A. 超文本传输协议　　　　　　　B. 高级语言
　　C. 服务器名称　　　　　　　　　D. 域名

11. HTML 是一种（　　）。
　　A. 厂商生产协议　　　　　　　　B. 高级编程语言
　　C. 超文本传输协议　　　　　　　D. 超文本标记语言

12. WWW 浏览器是一种（　　）。
　　A. 接入因特网的软件　　　　　　B. 搜索引擎

    C．HTML 文档的解释器　　　　　　D．发布信息的工具

13．所谓可视化网页制作工具，是一种软件工具，它可以（　　）。

    A．根据用户的文字描述自动生成用户需要的网页

    B．在用户输入文字、图片和其他网页元素后，就会生成相应的 HTML 文档

    C．无需编写代码就可以发布信息

    D．边编写代码边看到网页制作的效果

14．以下关于网页文件命名的说法，错误的是（　　）。

    A．使用字母和数字，不要使用特殊字符

    B．建议使用长文件名或中文文件名以便更清楚易懂

    C．用英文字母作为文件名的不要使用数字开头

    D．使用下画线或破折号来模拟分隔单词的空格

15．文档标题可以在（　　）对话框中修改。

    A．首选参数　　　B．页面属性　　　C．编辑站点　　　D．标签编辑器

16．Dreamweaver 的"文本"菜单中，选择"格式"→"下划线"命令表示（　　）。

    A．从字体列表中添加或删除字体　　　B．将选定文本变为粗体

    C．将选定文本变为斜体　　　　　　　D．在选定文本上加下画线

17．在 Dreamweaver 中不能将文本添加到网页文档中的方法是（　　）。

    A．直接在主控窗口中输入文本

    B．从现有的文本文档中复制和粘贴

    C．直接在 Dreamweaver 中打开需要添加的文本文件

    D．导入 Microsoft Word 内容

18．Dreamweaver 主控窗口的"插入"工具栏实际上是（　　）。

    A．由"常用"、"布局"、"表单"、"文本"、"HTML"等组成的一组工具栏

    B．只能插入文本

    C．很少使用

    D．用来导入 Microsoft Word 内容

19．Dreamweaver 主控窗口中有"设计视图"和"代码视图"，（　　）。

    A．选择"查看"→"代码"命令可以看到"设计视图"和"代码视图"

    B．默认打开"设计视图"

    C．选择"查看"→"代码和设计"命令可以切换到"代码视图"

    D．选择"查看"→"代码和设计"命令可以切换到"设计视图"

20．不属于 GIF 图像格式的优点是（　　）。

    A．GIF 图像格式支持动画展示　　　　B．GIF 图像格式支持透明背景

    C．GIF 图像格式支持无损方式压缩　　D．GIF 图像格式支持 24 位真彩色

21．在图像显示原始大小时，按住（　　）键拖动图像右下方的控制点，可按比例调整图像大小。

    A．【Ctrl】　　　　　　　　　　　　B．【Shift】

    C．【Alt】　　　　　　　　　　　　　D．【Shift+Alt】

22．网站的建设通常要经过（　　）等步骤。

    A．画草图、编代码、试运行、修改完善

   B. 需求分析、总体设计、详细设计、编写代码、调试运行

   C. 网页设计、网页制作、网页修改、网页发布

   D. 网站规划、网站设计、网页设计、网站发布、网站维护

理论习题参考答案

2.1 计算机基础知识

1. D	2. C	3. C	4. C	5. C	6. C	7. B	8. D	9. C
10. A	11. B	12. C	13. A	14. C	15. D	16. C	17. C	18. D
19. C	20. B	21. B	22. B	23. B	24. C	25. B	26. C	27. A
28. C	29. A	30. B	31. B	32. C	33. A	34. A	35. B	36. .D
37. B	38. C	39. D	40. D	41. C	42. D	43. C	44. A	45. A
46. B	47. A	48. A	49. D	50. D	51. D	52. C	53. D	54. B
55. B								

2.2 Windows 7 操作系统

1. D	2. D	3. C	4. B	5. B	6. B	7. B	8. C	9. C
10. C	11. B	12. C	13. D	14. B	15. C	16. B	17. A	18. B
19. B	20. A	21. D	22. C	23. A	24. C	25. B	26. C	27. A
28. B	29. A	30. C	31. B	32. D	33. C	34. A	35. D	36. B
37. C	38. D	39. D	40. A	41. D	42. A	43. A	44. D	45. D
46. B	47. B	48. A	49. B	50. B	51. A	52. D	53. B	54. D
55. A	56. B	57. C	58. C	59. B	60. B	61. A	62. B	63. A
64. D	65. C	66. A	67. B	68. D	69. B	70. D	71. B	72. D
73. A	74. C	75. A	76. A	77. D	78. C	79. D	80. D	81. C
82. D	83. D	84. B	85. B	86. C	87. C	88. D	89. D	90. D
91. C	92. B	93. D	94. A	95. C	96. D	97. A	98. C	99. D
100. D	101. D							

2.3 Word 2010 文字处理软件

1. A	2. D	3. C	4. A	5. C	6. C	7. B	8. D	9. C
10. C	11. D	12. B	13. D	14. D	15. D	16. C	17. C	18. B
19. D	20. B	21. C	22. D	23. C	24. B	25. C	26. C	27. B
28. C	29. A	30. C	31. B	32. B	33. A	34. D	35. D	36. D
37. D	38. A	39. C	40. A	41. B	42. B	43. A	44. B	45. A
46. B	47. B	48. C	49. C	50. D	51. D	52. D	53. C	54. C
55. A	56. C	57. C	58. B	59. D	60. C	61. C	62. B	63. B
64. C	65. A	66. D	67. A	68. B	69. B	70. B	71. A	72. B

73. C 74. D 75. B 76. D 77. A 78. D 79. A 80. C 81. C
82. D 83. A 84. C 85. B 86. C 87. A 88. B 89. C 90. D
91. C 92. D 93. C

2.4 Excel 2010 电子表格软件

1. D 2. C 3. C 4. B 5. C 6. C 7. C 8. C 9. A
10. A 11. C 12. A 13. D 14. B 15. B 16. B 17. D 18. A
19. C 20. A 21. D 22. A 23. A 24. B 25. C 26. A 27. D
28. C 29. C 30. B 31. A 32. D 33. C 34. D 35. A 36. A
37. A 38. C 39. B 40. B 41. D 42. A 43. C 44. B 45. C
46. B 47. A 48. C 49. A 50. C 51. A 52. A 53. B 54. B
55. C 56. B 57. C 58. D 59. C 60. C 61. D 62. B 63. D
64. D 65. A 66. B 67. A 68. A 69. A 70. B 71. C 72. D
73. C 74. C 75. C 76. B 77. B 78. D 79. B 80. A 81. B
82. A 83. A 84. B 85. D 86. C 87. D 88. B 89. B 90. B
91. D 92. B 93. A 94. A 95. A 96. A 97. C 98. B 99. C
100. D 101. C 102. D 103. D 104. A 105. D 106. A 107. C 108. B
109. C 110. A 111. B 112. B 113. B 114. B 115. D

2.5 计算机网络基础

1. D 2. B 3. A 4. A 5. D 6. D 7. C 8. D 9. C
10. D 11. B 12. B 13. A 14. B 15. A 16. B 17. C 18. C
19. D 20. A 21. D 22. D 23. A 24. B 25. C 26. A 27. B
28. C 29. B 30. B 31. C 32. C 33. D 34. A 35. B 36. C
37. A 38. A 39. A 40. D 41. B 42. C 43. B 44. D 45. C
46. D 47. C 48. D 49. B 50. A 51. B 52. C 53. D 54. A
55. C 56. D 57. C 58. B 59. B 60. D 61. A 62. A 63. C
64. D 65. A 66. C 67. B 68. A 69. B 70. D 71. D 72. C
73. D 74. C 75. A 76. B 77. D 78. D 79. A 80. B 81. A
82. B 83. D 84. B 85. B 86. A 87. D 88. D 89. B 90. D
91. A 92. A 93. A 94. D 95. C 96. C 97. A 98. D 99. B
100. C

2.6 数据库技术基础

1. A 2. B 3. B 4. C 5. C 6. D 7. C 8. D 9. C
10. B 11. A 12. C 13. D 14. A 15. D 16. D 17. C 18. D
19. A 20. A 21. D 22. A 23. A 24. C 25. C 26. A 27. B
28. B 29. D 30. A 31. B

2.7 多媒体技术基础

1. D	2. D	3. D	4. B	5. D	6. B	7. B	8. A	9. A
10. C	11. D	12. C	13. B	14. A	15. A	16. D	17. B	18. B
19. B	20. A	21. C	22. C	23. D	24. A	25. D	26. D	27. A
28. D	29. C	30. D	31. D	32. A	33. C	34. D	35. C	36. D
37. B	38. B	39. C	40. B	41. B	42. C	43. C	44. B	45. C
46. D	47. B	48. C	49. A	50. B	51. D	52. D	53. A	54. A
55. B	56. B	57. A	58. D	59. B	60. C			

2.8 信息获取与发布

1. D	2. C	3. A	4. B	5. A	6. B	7. D	8. C	9. B
10. A	11. D	12. C	13. B	14. B	15. B	16. D	17. C	18. A
19. B	20. D	21. B	22. D					

第三部分 模 拟 题

理 论 部 分

全国高校计算机等级考试（广西考区）一级笔试模拟题（一）

闭卷考试考试时间：60分钟

试卷种类：[A]

考生注意：①本次考试试卷种类为[A]，请考生务必将答题卡上的试卷种类栏中的[A]方格涂黑。②本次考试全部为选择题，每题下都有 4 个备选答案，但只有一个是正确的或是最佳的答案。答案必须填涂在答题卡上，标记在试题卷上的答案一律无效。每题只能填涂一个答案，多涂本题无效。③请考生务必使用2B 铅笔按正确的填涂方法，将答题卡上相应题号的答案的方格涂黑。④请考生准确填涂准考证号码。⑤本试卷包括第一卷和第二卷。第一卷各模块为必做模块；第二卷各模块为选做模块，考生必须选做其中一个模块并在答题卡上选做模块填涂相应标志，多选无效。

第一卷必做模块

必做模块一操作系统及应用（每项 1.5 分，14 项，共 21 分）

一、计算机的操作系统属于（　1　）。它的主要作用是（　2　）。

1. A. 系统软件 　　　　　　　　　B. 应用软件
   C. 语言编译程序和调度程序 　　 D. 视窗操作程序

2. A. 把源程序译成目标程序
   B. 方便用户进行数据管理
   C. 管理和调度计算机系统的硬件和软件资源
   D. 实现软、硬件的转接

二、Windows 7 所有的操作都可以从（　3　）。在 Windows 7 中，有的对话框右上角有?按钮，它的功能是（　4　）。

3. A. "开始"按钮开始 　　　　　　B. "计算机"开始
   C. "任务栏"开始 　　　　　　　D. "IE"浏览器开始

4. A. 关闭对话框 　　　　　　　　B. 要求用户输入问号
   C. 获取帮助信息 　　　　　　　D. 将对话框最小化

三、对于磁盘的格式化，正确的是（　5　）。

5. A. 只能格式化 U 盘 　　　　　　B. 格式化将清除磁盘中的所有文件
   C. 只能格式化有数据的磁盘 　　 D. 不能对有坏扇区的磁盘格式化

四、"计算机"中改变图标的排列方式，可使用（　6　）菜单来设置。删除硬盘中的文件时，若不想将其放入"回收站"而直接去除，可以采用的操作方式为（　7　）键加【Delete】键。

6. A. 文件　　　　　　B. 编辑　　　　　　C. 查看　　　　　　D. 收藏

7. A. 空格　　　　　　B. 【Shift】　　　　C. 【Ctrl】　　　　D. 【Alt】

五、设置屏幕保护的目的之一是（　8　），可以在"（　9　）"中调整计算机的设置。

8. A. 保护屏幕延长显示器工作寿命　　　B. 保护屏幕的颜色

　　C. 减少屏幕辐射　　　　　　　　　　D. 提高显示器工作效率

9. A. 计算机　　　　　B. 桌面　　　　　　C. 控制面板　　　　D. 任务栏属性

六、在 Windows 7 中，屏幕上同时打开若干个应用程序窗口时（　10　）。当窗口最大化后，该应用程序窗口将（　11　）。

10. A. 只有当前活动窗口的应用程序不运行，其余的都在运行

　　B. 只有当前活动窗口的应用程序在运行

　　C. 打开的应用程序都不运行

　　D. 打开的应用程序都在运行

11. A. 扩大到全屏，程序继续运行

　　B. 不能用鼠标拉动改变大小，程序停止运行

　　C. 扩大到全屏，程序运行速度加快

　　D. 可以用鼠标拉动改变大小，程序继续运行

七、扩展名为 exe 的文件称为（　12　）。

12. A. 文本文档　　　　B. 备份文件　　　　C. 可执行文件　　　D. 系统文件

八、在 Windows 7 的"资源管理器"的左窗格中，文件夹图标前的◢标记表示（　13　）。"回收站"是（　14　）。

13. A. 该文件夹包含有子文件夹，且该文件夹已经展开

　　B. 该文件夹已经被查看过

　　C. 该文件夹包含有子文件夹，且该文件夹处于折叠状态

　　D. 该文件夹曾经增添过文件

14. A. 内存中的一块区域　　　　　　　　B. 硬盘上的一块区域

　　C. 光盘上的一块区域　　　　　　　　D. 高速缓存中的一块区域

必做模块二计算机基础知识（每项 1.5 分，14 项，共 21 分）

一、微机内部是以（　15　）形式来传送、存储和加工处理数据的。冯·诺依曼提出的计算机工作原理，采用了（　16　）。

15. A. 二进制　　　　　B. 八进制　　　　　C. 十进制　　　　　D. 十六进制

16. A. 机器语言和十六进制　　　　　　　B. ASCII 编码和指令系统

　　C. 程序控制工作方式　　　　　　　　D. CPU 和内存储器

二、一个完整的计算机系统包括（　17　）两大部分。计算机硬件系统的五大部分包括运算器、（　18　）、存储器、输入设备、输出设备。

17. A. 主机和外围设备　　　　　　　　　B. 硬件系统和软件系统

　　C. 硬件系统和操作系统　　　　　　　D. 指令系统和系统软件

18. A. 显示器　　　　　　　　　　　　　B. 控制器

　　　　　C. 磁盘驱动器　　　　　　　　　　　D. 鼠标器

三、以下算式中，相减结果得到十进制数为 0 的是（　19　）。

　　19. A. $(4)_{10} - (111)_2$　　　　　　　　B. $(5)_{10} - (111)_2$

　　　　C. $(6)_{10} - (111)_2$　　　　　　　　D. $(7)_{10} - (111)_2$

四、软件系统分为（　20　）两大类。下列各组软件中，都属于应用软件的是（　21　）。

　　20. A. 系统软件和应用软件　　　　　　B. 操作系统和计算机语言

　　　　C. 程序和数据　　　　　　　　　　D. Windows XP 和 Windows 7

　　21. A. 图书管理软件、Windows XP、C/C++

　　　　B. Photoshop、Flash、QQ

　　　　C. Access、UNIX、QQ

　　　　D. Windows 7、Office 2010、视频播放器软件

五、微型计算机的主机由 CPU 与（　22　）组成。64 位计算机中的"64"是指计算机（　23　）。"倍速"是光盘驱动器的一个重要指标，光驱的倍速越大，（　24　）。

　　22. A. 外部存储器　　B. 主机板　　　　C. 内部存储器　　D. 输入/输出设备

　　23. A. 能同时处理 64 位二进制数　　　　B. 能同时处理 64 位十进制数

　　　　C. 具有 64 条数据总线　　　　　　　D. 运算精度可达小数点后 64 位

　　24. A. 数据传输越快　　　　　　　　　　B. 纠错能力越强

　　　　C. 所能读取光盘的容量越大　　　　　D. 数据传输越慢

六、计算机的硬盘和光盘（　25　）。若突然停电，则（　26　）中的数据全部丢失。

　　25. A. 属于内部存储器　　　　　　　　　B. 属于外部存储器

　　　　C. 分别是内部存储器、外部存储器　　D. 属于随机存储器

　　26. A. 硬盘　　　　　　B. ROM　　　　　C. 光盘　　　　　　D. RAM

七、一个英文字符的 ASCII 码用（　27　）个字节存储。下列描述中，正确的是（　28　）。

　　27. A. 1　　　　　　　B. 4　　　　　　　C. 8　　　　　　　D. 16

　　28. A. 1 KB=1 024 × 1 024 B　　　　　　B. 1 MB=1 000 × 1 000 B

　　　　C. 1 KB=1 024 MB　　　　　　　　　D. 1 MB=1 024 KB

必做模块三计算机网络基础（每项 1.5 分，14 项，共 21 分）

一、建立计算机网络的主要目的是（　29　）。

　　29. A. 资源共享　　　　B. 加快计算速度　　C. 增大存储容量　　D. 节省人力

二、计算机网络基本的拓扑结构包括（　30　）、树形、总线形、环形、网状。目前常用的计算机局域网所用的传输介质有光缆、同轴电缆和（　31　）。

　　30. A. 标准型　　　　　B. 并联型　　　　　C. 串联型　　　　　D. 星形

　　31. A. 双绞线　　　　　B. 微波　　　　　　C. 激光　　　　　　D. 电话线

三、以拨号方式接入网络的用户需要使用（　32　）。

　　32. A. 网关　　　　　　B. 中继器　　　　　C. 调制解调器　　　D. 网桥

四、目前 Internet 所采用的 IPv4 协议的 IP 地址由（　33　）个字节组成；下列 4 个 IP 地址中，（　34　）是错误的。

　　33. A. 1　　　　　　　B. 2　　　　　　　C. 3　　　　　　　D. 4

　　34. A. 213.163.25.18　　　　　　　　　B. 60.263.12

C.　165.56.25.18　　　　　　　　D.　16.163.25.18

五、使用浏览器访问网站时，网站上第一个被访问的网页称为（ 35 ）。在 IE 浏览器中单击"刷新"按钮，则（ 36 ）。

35.　A.　网页　　　　B.　网站　　　　C.　HTML 语言　　D.　主页

36.　A.　终止当前页的访问，返回空白页　　B.　自动下载浏览器更新程序并安装

C.　更新当前显示的网页　　　　　　D.　浏览器会新建一个当前窗口

六、通常申请免费电子邮箱需要通过（ 37 ）申请。电子邮件地址由两部分组成，用@分开，其中@号左边是（ 38 ）。

37.　A.　在线注册　　　B.　电话　　　　C.　电子邮件　　　D.　写信

38.　A.　本机域名　　　　　　　　　　B.　邮件服务器名称

C.　用户名　　　　　　　　　　　D.　密码

七、计算机病毒实际上是（ 39 ）。计算机病毒可以通过多种途径传染，其中传播速度最快的传染途径是通过（ 40 ）。计算机病毒具有很强的破坏性，导致（ 41 ）。

39.　A.　一条命令　　　B.　一个文本文件　C.　一个病原体　　D.　一段程序

40.　A.　U 盘　　　　　B.　硬盘　　　　C.　光盘　　　　　D.　网络

41.　A.　烧毁 CPU　　　　　　　　　　B.　破坏程序和数据

C.　损坏显示器　　　　　　　　　D.　磁盘物理损坏

八、采用（ 42 ）安全防范措施，不但能防止来自外部网络的恶意入侵，也可以限制内部网络计算机对外的通信。

42.　A.　防火墙　　　　　　　　　　　B.　调制解调器

C.　反病毒软件　　　　　　　　　D.　网卡

必做模块四字表处理软件使用（每项 1.5 分，14 项，共 21 分）

一、汉字信息处理过程分为汉字（ 43 ）、加工处理和输出 3 个阶段。

43.　A.　输入　　　　　B.　编辑　　　　C.　打印　　　　　D.　排版

二、打开 Word 文档是（ 44 ）。在 Word 2010 中，正在编辑的文档名显示在（ 45 ）上。

44.　A.　把文档从外存读取到内存并显示在屏幕上

B.　打开一个空白的文档窗口

C.　把文档从外存直接读取到显示器上

D.　打印文档的内容

45.　A.　状态栏　　　　B.　标题栏　　　　C.　选定栏　　　　D.　快速访问工具栏

三、使用"文件"选项卡中的"另存为"保存文件时，不能实现的操作是（ 46 ）。

46.　A.　将文件保存为文本文件　　　B.　将文件存放到另一文件文件夹中

C.　选择新的文件保存类型　　　　D.　保存文件后，自动删除原文件

四、在 Word 2010 中，进行复制或移动操作的第一步是（ 47 ）。

47.　A.　单击"粘贴"按钮　　　　　B.　单击"复制"按钮

C.　选定要操作的对象　　　　　D.　单击"剪切"按钮

五、在 Word 2010 中能显示出页码、页眉和页脚的视图是（ 48 ）。为 Word 文档添加页码时，页码可以选择放在文档顶部或底部的（ 49 ）位置。

48.　A.　阅读版式视图　B.　大纲视图　　　C.　页面视图　　　D.　草稿

49. A. 左侧   B. 居中   C. 右侧   D. 以上都是

六、在 Word 2010 中使用"查找与替换"功能不能进行的操作是（ 50 ）。

50. A. 删除文本   B. 更改文档名
    C. 更改指定文本格式   D. 更正文本

七、在 Word 2010 编辑状态中，文本框内的文字（ 51 ）。

51. A. 只能竖排   B. 只能横排
    C. 不能改变文字方向   D. 既可以竖排，也可以横排

八、在新创建的 Excel 2010 工作簿中，默认包含（ 52 ）张工作表。

52. A. 5   B. 3   C. 1   D. 8

九、在 Excel 2010 中，若相邻的单元格内容相同，可以使用（ 53 ）快速输入。

53. A. 复制   B. 填充   C.【Enter】键   D. 粘贴

十、在 Excel 2010 的单元格中，以下不属于公式的表达式是（ 54 ）。

54. A. =SUM(B2,C3)   B. SUM(B2:C3)
    C. =B2+B3+C2+C3   D. =B2+B3+C2+C3+5

十一、在 Excel 2010 工作表中，有姓名、性别、专业、助学金等列，现要计算各专业助学金的总和，应该先按（ 55 ）进行排序，然后再进行分类汇总。

55. A. 姓名   B. 专业   C. 性别   D. 助学金

十二、在 Excel 2010 中可以创建各类图表如柱形图、条形图等。为了显示数据系列中每一项占该系列数值总和的比例大小，应该使用的图表为（ 56 ）。

56. A. 折线图   B. 条形图   C. 柱形图   D. 饼图

第二卷选做模块

选做模块一信息获取与发布（每项 1.6 分，10 项，共 16 分）

注意：选答此模块者，请务必将答题卡中第 100 题号的[A]方格涂黑

一、网络信息资源获取途径主要有访问数字图书馆、访问网络信息资源数据库以及
（ 57 ）等。

使用百度搜索引擎不能实现的操作是（ 58 ）。

57. A. 申请网络 IP   B. 使用搜索引擎   C. 开设博客   D. 安装 IE 浏览器

58. A. 查找网页   B. 查找软件   C. 查找人物传记   D. 上传数据

二、关于网页的说法不准确的是（ 59 ）。利用浏览器的（ 60 ）功能可以保存访问的网页地址。

59. A. 网页就是网站的主页   B. 网页可以实现一定的交互功能
    C. 网页可以包含多种媒体   D. 网页中可以没有超链接

60. A. 刷新   B. 搜索引擎   C. 收藏夹   D. 账户

三、关于建立站点的说法中，不正确的是（ 61 ）。在 Dreamweaver 中，下面的步骤不会进入历史记录的是（ 62 ）。

61. A. 当地站点和远程站点要使用相同的结构
     B. 建立站点可以方便管理网站中的各种资源
     C. 站点可以先在本地建立之后上传到远程服务器上

　　　　D. 站点必须有一个名为 PIC 的资源文件夹

　　62. A. 在建立的文档窗口中输入文字　　　B. 在其他文件窗口中的操作

　　　　C. 在建立的文档窗口中输入表格　　　D. 在建立的文档窗口中创建超链接

四、html 文件不能使用（ 63 ）应用程序打开和编辑。html 语言使用的换行标志是（ 64 ）。

　　63. A. Dreamweaver　　B. Photoshop　　C. 写字板　　　　D. 记事本

　　64. A. <hn></hn>　　B. <pre></pre>　　C.
　　　　D. <p></p>

五、在 Dreamweaver 中，若要在新浏览器窗口中打开一个页面，则应从属性检查器的"目标"菜单中选择（ 65 ）。创建空链接应使用符号（ 66 ）。

　　65. A. _top　　　　　B. _parent　　　　C. _self　　　　D. _blank

　　66. A. #　　　　　　B. *　　　　　　　C. &　　　　　　D. @

选做模块二 数据库技术基础（每项 1.6 分，10 项，共 16 分）

注意：选答此模块者，请务必将答题卡中第 100 题号的[B]方格涂黑。

一、Access 数据库是一种（ 67 ）数据库，数据表中的每一行称为一个（ 68 ）。

　　67. A. 树型　　　　　B. 逻辑型　　　　C. 层次型　　　　D. 关系型

　　68. A. 记录　　　　　B. 连接　　　　　C. 字段　　　　　D. 模块

二、在数据表中，若包含"员工 ID、姓名、工资、主要业绩"等字段。如果要将"工资"的数据范围设置为 2000 元到 4000 元，则该字段的有效性规则应该使用（ 69 ）；如果"主要业绩"字段需要输入 1000 个字符以内的内容，则该字段的数据类型应该选择（ 70 ）。

　　69. A. [2000，4000]　　　　　　　　　B. >=2000 or<=4000

　　　　C. 2000 到 4000　　　　　　　　　D. >=2000 and<=4000

　　70. A. 文本　　　　　B. 备注　　　　　C. 数字　　　　　D. OLE 对象

三、下列与主键有关的说法中，不正确的是（ 71 ）。对"数字"数据类型，表示的数据范围最小的"字段大小"是（ 72 ）。

　　71. A. 主键字段中不允许有 Null（空值） B. 主键字段中的数据不能出现重复值

　　　　C. 必要时可以定义多个主键　　　　D. 必要时可使用多个字段的组合定义主键

　　72. A. 双精度型　　　B. 单精度型　　　C. 整型　　　　　D. 长整型

四、Access 查询中（ 73 ）不属于操作查询。查询的数据源可以是（ 74 ）。

　　73. A. 删除查询　　　B. 选择查询　　　C. 更新查询　　　D. 追加查询

　　74. A. 窗体　　　　　B. 报表　　　　　C. 页　　　　　　D. 表和查询

五、下列类型的窗体中，（ 75 ）窗体不能编辑数据源的数据。Access 不能创建（ 76 ）类型的报表。

　　75. A. 纵栏式　　　　B. 数据透视表　　C. 表格式　　　　D. 数据表

　　76. A. 纵栏式　　　　B. 表格式　　　　C. 图表　　　　　D. 数据透视图

选做模块三 多媒体技术基础（每项 1.6 分，10 项，共 16 分）

注意：选答此模块者，请务必将答题卡中第 100 题号的[C]方格涂黑。

一、多媒体课件能够根据用户答题情况给予正确或错误的回复，突出显示了多媒体技术的（ 77 ）。多媒体元素不包括（ 78 ）。

　　77. A. 多样性　　　　B. 集成性　　　　C. 交互性　　　　D. 实时性

78. A. 文本　　　　　　B. 光盘　　　　　　C. 声音　　　　　　D. 图像

二、下列输入设备中，（　79　）不属于多媒体输入设备。PC 中的声卡是按（　80　）分类的。

79. A. 红外探测器　　B. 数码摄像机　　C. 路由器　　　　D. 触摸屏
80. A. 采样频率　　　B. 采样量化位数　C. 声道数　　　　D. 压缩方式

三、在因特网上传输图片常见的存储格式是（　81　）。提高网络流媒体文件播放的流畅性，最有效的措施是（　82　）。

81. A. JPG　　　　　　B. WAV　　　　　　C. MPG　　　　　　D. MP3
82. A. 转换文件格式　　　　　　　　　　B. 选用最新版本的播放器
　　　C. 安装最新版本的操作系统　　　　D. 加大网络带宽

四、在 PowerPoint 演示文稿中安排幻灯片对象的布局可选择（　83　）来设置。设置动画效果时，有（　84　）两种不同的动画设置。

83. A. 应用设计模板　　B. 背景样式　　C. 主题方案　　　　D. 幻灯片版式
84. A. 有声音和无声音　　　　　　　　B. 活动幻灯片和静止幻灯片
　　　C. 幻灯片内和幻灯片间　　　　　　D. 文字效果和图片效果

五、在 PowerPoint 演示文稿中创建"超链接"的作用是（　85　）。不属于演示文稿的放映方式的是（　86　）。

85. A. 重复放映幻灯片　　　　　　　　B. 隐藏幻灯片
　　　C. 放映内容跳转　　　　　　　　　D. 删除幻灯片
86. A. 演讲者放映　　　　　　　　　　B. 观众自行放映
　　　C. 定时放映　　　　　　　　　　　D. 在展台放映

全国高校计算机等级考试（广西考区）一级笔试模拟题（二）

闭卷考试考试时间：60 分钟

试卷种类：[B]

考生注意：略，同一级笔试模拟题（一）的考生注意。

第一卷必做模块

必做模块一计算机基础知识（每项 1.5 分，14 项，共 21 分）

一、计算机之所以能做到运算速度快、自动化程度高是由于（　1　）。以二进制和程序控制为基础的计算机结构是由（　2　）最早提出的。

1. A. 设计先进、元器件质量高　　　　B. CPU 速度快、功能强
　　　C. 采用数字化方式表示数据　　　　D. 采取由程序控制计算机运行的工作方式
2. A. 布尔　　　　　B. 巴贝奇　　　　C. 冯·诺伊曼　　D. 图灵

二、计算机内部采用（　3　）进行运算。以下 4 个数均未注明是哪一种数制，但（　4　）一定不是二进制数。

3. A. 二进制　　　　B. 十进制　　　　C. 八进制　　　　D. 十六进制
4. A. 1011　　　　　B. 1011　　　　　C. 10011　　　　　D. 112011

三、由计算机来完成产品设计中的计算、分析、模拟和制图等工作，通常称为（ 5 ）。

    5. A. 计算机辅助测试   B. 计算机辅助设计

        C. 计算机辅助制造   D. 计算机辅助教学

四、计算机的（ 6 ）称为中央处理器（CPU）。微型计算机的主机由 CPU 与（ 7 ）组成。

    6. A. 运算器和存储器   B. 存储器和主机

        C. 控制器和主机   D. 控制器和运算器

    7. A. 外部存储器   B. 主机板

        C. 内部存储器   D. 输入/输出设备

五、内存与外存的主要不同在于（ 8 ）。计算机突然停电，则计算机中（ 9 ）全部丢失。

    8. A. CPU 可以直接处理内存中的信息，速度快，存储容量大；外存则相反

       B. CPU 可以直接处理内存中的信息，速度快，存储容量小；外存则相反

       C. CPU 不能直接处理内存中的信息，速度慢，存储容量大；外存则相反

       D. CPU 不能直接处理内存中的信息，速度慢，存储容量小；外存则相反

    9. A. 硬盘中的数据和程序   B. ROM 中的数据和程序

       C. ROM 和 RAM 中的数据和程序   D. RAM 中的数据和程序

六、不同的外围设备必须通过不同的（ 10 ）才能与主机相连。

    10. A. 接口电路   B. 电脑线   C. 设备   D. 插座

七、计算机算法是指（ 11 ）。计算机的基本指令是由（ 12 ）两部分组成的。

    11. A. 程序   B. 指令的集合

        C. 解决具体问题的操作步骤   D. 程序和文档

    12. A. 命令和操作数   B. 操作码和操作数地址码

        C. 操作数和运算类型   D. 操作码和操作数

八、源程序就是（ 13 ）。语言处理程序的主要作用是（ 14 ）。

    13. A. 用高级语言或汇编语言写的程序   B. 用机器语言写的程序

        C. 由程序员编写的程序   D. 由用户编写的程序

    14. A. 将用户命令转换为机器能执行的指令

        B. 对自然语言进行处理以便为机器所理解

        C. 把高级语言或汇编语言写的源程序转换为机器语言程序

        D. 根据设计要求自动生成源程序以减轻编程的负担

必做模块二操作系统及应用（每项 1.5 分，14 项，共 21 分）

一、关于操作系统的作用，正确的说法是（ 15 ），Windows 7 不能实现的功能是（ 16 ）。

    15. A. 与硬件的接口   B. 把源程序翻译成机器语言程序

        C. 进行编码转换   D. 控制和管理系统资源

    16. A. 处理器管理   B. 存储管理   C. 文件管理   D. CPU 超频

二、在计算机系统中，操作系统的主要功能不包括（ 17 ）。操作系统的"多任务"是指（ 18 ）。

    17. A. 管理系统的软硬件资源   B. 提供方便友好的用户接口

C. 消除计算机病毒的侵害　　　　　D. 提供软件的开发与运行环境

18. A. 可以同时由多个人使用　　　　B. 可以同时运行多个程序

　　 C. 可连接多个设备运行　　　　　D. 可以安装多种软件

三、在 Windows 7 中，任务栏的主要作用是（　19　）。图标是 Windows 的重要元素之一，下面对图标的描述错误的是（　20　）。

19. A. 显示系统的"开始"菜单　　　　B. 方便实现窗口之间的切换

　　 C. 显示正在后台工作的窗口　　　D. 显示当前的活动窗口

20. A. 图标可以表示被组合在一起的多个程序

　　 B. 图标既可以代表程序也可以代表文档

　　 C. 图标可能是仍然在运行但窗口被最小化的程序

　　 D. 图标只能代表某个应用程序

四、关于 Windows 7 "开始"菜单中的搜索条，以下说法正确的（　21　）。Windows 7 "开始"菜单的跳转表中，默认最多可保存用户最近使用过的（　22　）个文档。

21. A. 在搜索条中输入内容后按【Enter】键，搜索条才开始搜索

　　 B. 不能搜索邮件

　　 C. 随着用户输入进度的不同，搜索条会智能动态地在上方窗口显示相关搜索结果

　　 D. 搜索关键字只涉及文件名，不涉及文件内容

22. A. 10　　　　　　B. 5　　　　　　C. 25　　　　　　D. 20

五、打开 Windows 7 的"资源管理器"窗口，可看到窗口分隔条将整个窗口分为导航窗格和文件夹内容窗口两大部分。导航窗格显示的是（　23　），文件夹内容窗口显示的是（　24　）。

23. A. 当前盘所包含的文件　　　　　B. 当前目录和下级子目录

　　 C. 计算机的磁盘目录结构　　　　D. 当前盘所包含的目录和文件

24. A. 当前盘所包含的文件的内容

　　 B. 系统盘所包含的文件夹和文件名

　　 C. 当前盘所包含的全部文件名

　　 D. 当前文件夹所包含的文件名和下级子文件夹

六、下面关于 Windows 7 复制的叙述中，错误的是（　25　）。

25. A. 使用"计算机"中的"编辑"菜单进行文件复制，要经过选择、复制和粘贴

　　 B. 在"计算机"中，允许将同名文件复制到同一个文件夹下

　　 C. 可以按住【Ctrl】键，用鼠标左键拖放的方式实现文件的复制

　　 D. 可以用鼠标右键拖放的方式实现文件的复制

七、在 Windows 7 中，要查看 CPU 主频、内存大小和所安装操作系统等信息，最简便的方法是打开"控制面板"窗口，然后（　26　）。若需要删除一个应用软件，在"控制面板"中，可选择（　27　）。

26. A. 单击"程序和功能"超链接　　　B. 单击"设备管理器"超链接

　　 C. 单击"系统"链接项　　　　　　D. 单击"显示"链接项

27. A. 系统　　　　　B. 添加硬件　　　C. 辅助功能选项　　D. 添加或删除程序

八、要减少一个文件的存储空间，可以使用工具软件（　28　）将文件压缩存储。

28. A. 磁盘碎片整理程序　　　　　　　B. McAfee

C. Windows Media Player　　　　　　　D. WinRAR

必做模块三字表处理（每项 1.5 分，14 项，共 21 分）

一、输入汉字时，计算机的输入法软件按照（ 29 ）将输入编码转换成机内码。计算机存储和处理文档的汉字时，使用的是（ 30 ）。

29. A. 字形码　　　　B. 国标码　　　　C. 区位码　　　　D. 输入码

30. A. 字形码　　　　B. 国标码　　　　C. 机内码　　　　D. 输入码

二、下列关于文字处理软件 Word 文档窗口的说法中，正确的是（ 31 ）。用户要在 Word 文档中寻找某个字符串，可选择（ 32 ）功能。

31. A. 只能打开一个文档窗口　　　　　B. 可以打开多个，但只有一个是活动窗口

　　C. 可打开多个，但只能显示一个　　D. 可以打开多个活动的文档窗口

32. A. 信息检索　　　B. 定位　　　　C. 查找　　　　　D. 书签

三、在 Word 2010 编辑文本时，要调节行间距，则应该单击（ 33 ）。若要把多处同样的错误一次改正，最好的方法是（ 34 ）。

33. A. "页面布局" 选项卡中的 "分隔符" 按钮

　　B. "开始" 选项卡中的 "字体" 按钮

　　C. "开始" 选项卡中的 "段落" 按钮

　　D. "视图" 选项卡中的 "显示比例" 按钮

34. A. 使用 "替换" 功能　　　　　　　B. 使用 "自动更正" 功能

　　C. 使用 "撤销" 按钮　　　　　　　D. 使用 "格式刷"

四、在 Word 2010 表格编辑中，不能进行的操作是（ 35 ）。在 Word 文档中不能直接插入的是（ 36 ）。

35. A. 删除单元格　　　　　　　　　　B. 旋转单元格

　　C. 插入单元格　　　　　　　　　　D. 合并单元格

36. A. 艺术字　　　　　　　　　　　　B. 图表

　　C. .jpg 格式的文件　　　　　　　　D. .swf 格式的文件

五、在 Excel 2010 中，工作簿是由一系列（ 37 ）组成的。在 Excel 数据清单中，按某一字段进行归类，并对每一类做出统计的操作是（ 38 ）。

37. A. 单元格　　　B. 文字　　　　C. 单元格区域　　D. 工作表

38. A. 分类排序　　　B. 分类汇总　　　C. 筛选　　　D. 记录单处理

六、在 Excel 工作表中，有姓名、性别、专业、助学金等列，现要计算各专业助学金的总和，应该先按（ 39 ）进行排序，然后再进行分类汇总。如果将工作表的 B3 单元格的公式 "=C3+$D5" 填充到同一工作表 B4 单元格中，该单元格公式为（ 40 ）。在 Excel 中，使用筛选功能可以（ 41 ）。

39. A. 姓名　　　B. 专业　　　C. 性别　　　D. 助学金

40. A. =C3+$D5　　B. =C4+$D5　　C. =C4+$D6　　D. =C3+$D6

41. A. 只显示数据清单中符合指定条件的记录

　　B. 删除数据清单中符合指定条件的记录

　　C. 只显示数据清单中不符合指定条件的记录

　　D. 隐藏数据清单中符合指定条件的记录

七、在 Excel 工作表中已输入如下数据：

	A	B	C	D
1	20	12	2	=$A$1*C1
2	30	16	3	

如果将 D1 单元格中的公式复制到 D2 单元格，那么 D2 单元格的值为（　42　）。

42. A. ####　　　　　　B. 60　　　　　　　C. 40　　　　　　　D. 90

必做模块四计算机网络基础（每项 1.5 分，14 项，共 21 分）

一、计算机网络按通信方式来划分，可以分为（　43　）。计算机网络的拓扑结构是指（　44　）。

43. A. 局域网、城域网和广域网
　　B. 外网和内网
　　C. 点对点传输网络和广播式传输网络
　　D. 高速网和低速网
44. A. 网络的通信线路的物理连接方法
　　B. 网络的通信线路和节点的连接关系及几何结构
　　C. 互相通信的计算机之间的逻辑联系
　　D. 互连计算机的层次划分

二、下列传输介质中，抗干扰能力最强的是（　45　）。局域网由（　46　）统一指挥、调度资源、协调工作。

45. A. 微波　　　　　B. 光纤　　　　C. 同轴电缆　　　D. 双绞线
46. A. 网络操作系统　　　　　　B. 磁盘操作系统 DOS
　　C. 网卡　　　　　　　　　　D. Windows 7

三、接入 Internet 的计算机之间使用（　47　）协议进行信息交换。"URL"的意思是（　48　），它指定了 WWW 信息资源所在的位置和访问方法。

47. A. CSMA/CD　　B. IEEE 802.5　　C. TCP/IP　　　D. X.25
48. A. 未知路径标示　　　　　B. 更新重定位线路
　　C. 统一资源定位器　　　　D. 传输控制协议

四、目前 Internet 上 IPv4 协议中的 IP 地址采用（　49　）位二进制代码。域名 www.sina.com.cn 中的 "com" 代表的组织机构类型为（　50　）。

49. A. 16　　　　　B. 32　　　　　C. 64　　　　　D. 128
50. A. 教育机构　　　B. 政府部门　　C. 非盈利机构　　D. 商业部门

五、万维网（WWW）是（　51　）。实现文件传输（FTP）有很多工具，它们的工作界面有所不同，但是实现文件传输都要（　52　）。

51. A. Internet 的连接规则　　　　　B. Internet 的另一种称呼
　　C. 一种上网的软件　　　　　　　D. Internet 基于超文本的信息服务方式
52. A. 通过电子邮箱收发文件　　　　B. 将本地计算机与 FTP 服务器连接
　　C. 通过搜索引擎实现通信　　　　D. 借助微软公司的文件传输工具 FPT

六、计算机信息安全之所以重要，受到各国的广泛重视，主要是因为（　53　）。指出（　54　）不是预防计算机病毒的可行方法。

53. A. 用户对计算机信息安全的重要性认识不足
　　 B. 计算机应用范围广，用户多
　　 C. 计算机犯罪增多，危害大
　　 D. 信息资源的重要性和计算机系统本身固有的脆弱性

54. A. 切断一切与外界交换信息的渠道
　　 B. 对计算机网络采取严密的安全措施
　　 C. 对系统关键数据做备份
　　 D. 不使用来历不明的、未经检测的软件

七、使用（　55　）是保证数据安全行之有效的方法，它可以消除信息被窃取、丢失等影响数据安全的隐患。下面关于防火墙的描述中，不正确的是（　56　）。

55. A. 密码技术　　　　B. 杀毒软件　　　　C. 数据签名　　　　D. 备份数据

56. A. 防火墙可以提供网络是否受到监测的详细记录
　　 B. 防火墙可以防止内部网信息外泄
　　 C. 防火墙是一种杀灭病毒设备
　　 D. 防火墙可以是一组硬件设备，也可以是实施安全控制策略的软件

第二卷选做模块（三选一）

选做模块一数据库技术基础（每项 1.6 分，10 项，共 16 分）

注意：选答此模块者，请务必将答题卡中第 90 题号的[A]方格涂黑

一、数据模型用来表示实体间的联系，不同的数据库管理系统支持不同的数据模型，（　57　）不是常用的数据模型。Access 数据库由数据基本表、查询、窗体、报表等对象构成，其中数据基本表是（　58　）。

57. A. 层次模型　　　B. 链状模型　　　C. 网状模型　　　D. 关系模型

58. A. 数据查询的工具　　　　　　　B. 数据库之间交换信息的通道
　　 C. 一个二维表，它由一系列记录组成　D. 数据库的结构，由若干字段组成

二、建立 Access 数据库的首要工作是（　59　）。在 Access 有关主键的描述中，正确的是（　60　）。

59. A. 建立数据库的查询　　　　　　B. 建立数据库的基本表
　　 C. 建立基本表之间的关系　　　　D. 建立数据库的报表

60. A. 主键只能由一个字段组成
　　 B. 主键创建后，就不能取消
　　 C. 如果用户没有指定主键，系统会显示出错提示
　　 D. 主键的值，对于每个记录必须是唯一的

三、Access 2010 的表关系有 3 种，即一对一、一对多和多对多，其中需要中间表作为关系桥梁的是（　61　）关系。

61. A. 一对一　　　　B. 一对多　　　　C. 多对多　　　　D. 各种关系都有

四、下面关于排序的叙述中，错误的是（　62　）。数据库中的查询向导不能创建（　63　）。

62. A. 排序指的是按照某种标准对工作表的记录顺序排列
　　 B. 没有指定主键就不能排序

C. 可以对窗体的记录进行排序

D. 可以对多个字段进行排序

63. A. 简单查询　　　B. 交叉表查询　　C. 重复项查询　　D. 参数查询

五、假定已建立一个学生成绩表，其字段如下：

字段名		字段类型
1	姓名	文本型
2	性别	文本型
3	年龄	数字型（大小：整型）
4	计算机	数字型（大小：整型）
5	英语	数字型（大小：整型）
6	总分	数字型（大小：整型）

若要求用设计视图创建一个查询，查找总分在 180 分以上（包括 180 分）的男同学的姓名、性别和总分，设置查询条件时应（　64　）。

64. A. 在条件单元格输入：总分>=180 AND 性别='男'

B. 在总分的条件单元格输入：总分>=180；在性别的条件单元格输入：性别='男'

C. 在总分的条件单元格输入：>=180；在性别的条件单元格输入：男，或'男'

D. 在条件单元格输入：总分>=180 OR 性别='男'

六、下列关于报表的叙述中，错误的是（　65　）。

65. A. 报表能输入数据　　　　　　　　B. 报表能输出数据

C. 报表能对数据进行分组、汇总　　D. 报表能显示数据

七、如果一条记录的内容比较少，而独占一个窗体的空间就很浪费，此时，可以建立（　66　）窗体。

66. A. 纵栏式　　　B. 图表式　　　C. 表格式　　　D. 数据透视表

选做模块二 多媒体技术基础（每项 1.6 分，10 项，共 16 分）

注意：选答此模块者，请务必将答题卡中第 90 题号的[B]方格涂黑。

一、以下说法中，不正确的是（　67　）。

67. A. 像素是构成位图图像的最小单位

B. 位图进行缩放时不容易失真，而矢量图缩放时容易失真

C. 图像的分辨率越高，图像的质量越好

D. GIF 格式图像最多只能处理 256 种色彩

二、多媒体关键技术不包含（　68　）。

68. A. 多媒体信息采集技术　　　　　　B. 多媒体数据压缩/解压技术

C. 多媒体数据存储技术　　　　　　D. 多媒体数据通信技术

三、以双声道、22.05 kHZ 采样频率、16 位采样精度进行采样，两分钟长度的声音不压缩的数据量是（　69　）。所谓 MP3，实际上是运动图像专家组 MPEG 提出的压缩编码标准（　70　）的一个层次。

69. A. 5.05 MB　　　B. 10.09 MB　　　C. 10.35 MB　　　D. 10.58 MB

70. A. MPEG-1　　　B. MPEG-2　　　C. MPEG-3　　　D. MPEG-4

四、对于同样尺寸大小的图像而言，下面叙述中不正确的是（　71　）。关于图像文件的格

式，不正确的叙述是（ 72 ）。

71. A. 图像分辨率越高，则图像的像素数目越多

   B. 图像分辨率越高，则每英寸的像素数目（dpi）越大

   C. 图像分辨率越高，则图像的色彩越丰富

   D. 图像分辨率越高，则图像占用的存储空间越大

72. A. PSD 格式是 Photoshop 软件的专用文件格式，文件占用存储空间较大

   B. BMP 格式是微软公司的画图软件使用的格式，得到各类图像处理软件的广泛支持

   C. JPEG 格式是高压缩比的有损压缩格式，使用广泛

   D. GIF 格式是高压缩比的无损压缩格式，适合于保存真彩色图像

五、要提高网络流媒体文件播放的流畅度，最有效的措施是（ 73 ）。目前常用的视频压缩标准有 MPEG-1、MPEG-2、MPEG-4 和 MPEG-7 等，其中（ 74 ）主要针对互联网上流媒体、语言传送、互动电视广播等技术发展的要求设计。

73. A. 加大网络带宽　　B. 更换播放器　　C. 更换计算机　　D. 转换文件格式

74. A. MPEG-1　　B. MPEG-2　　C. MPEG-4　　D. MPEG-7

六、PowerPoint 是演示文稿制作软件。如果要为演示文稿快捷地设定整体布局、背景图案、字体字号等，应该选择（ 75 ）。如果要为幻灯片所有的对象分别设置动态演示效果，应该应用（ 76 ）。

75. A. 幻灯片版式　　B. 配色方案　　C. 主题　　D. 背景

76. A. 自定义放映　　B. 自定义动画　　C. 设计　　D. 幻灯片切换

选做模块三 信息获取与发布（每项 1.6 分，10 项，共 16 分）

注意：选答此模块者，请务必将答题卡中第 90 题号的[C]方格涂黑。

一、关于信息的下列说法，正确的是（ 77 ）。信息处理的核心技术是（ 78 ）。

77. A. 信息就是消息　　　　　　　　　B. 信息是指加工处理后的有用的消息

   C. 信息是指人们能看到和听到的消息　D. 信息是指能用计算机处理的消息

78. A. 计算机技术　　　　　　　　　　B. 通讯技术

   C. 多媒体技术　　　　　　　　　　D. 网络技术

二、通过因特网获取信息的主要途径不包括（ 79 ）。关于万维网（Web）信息资源检索的叙述中，错误的是（ 80 ）。科技查新是科技立项、成果鉴定、评价的依据，关于科技查新，错误的认识是（ 81 ）。

79. A. 访问虚拟图书馆　　　　　　　　B. 访问网络信息资源数据库

   C. 使用 Web 搜索引擎　　　　　　　D. 开设博客

80. A. 万维网信息资源分布广泛，结构复杂，充斥虚假、劣质信息

   B. 搜索引擎是一个网站，它不断收集因特网的信息，存放到自己的数据库中，当用户提出请求检索，就在自己的数据库中检索，并将结果反馈给用户

   C. 用相同的关键词通过不同的全文搜索引擎检索，得到的结果相同

   D. 无论哪一种搜索引擎，其搜索的结果不是过滥就是过窄，并不能令人满意

81. A. 科技查新使用的信息检索系统是专业的科技文献数据库系统

   B. 对于个人来说，科技查新是科研工作前期调研的重要手段

   C. 专业的科技文献数据库兼顾了查全率和查准率，得到的结果相对准确全面

D. 在专业的科技文献数据库肯定可以找到世界最新、最全的科技文献信息

三、网页制作可以通过多种方法实现，但是不包括（ 82 ）。网站内的多个网页用（ 83 ）连接起来。

82. A. 用 HTTP 描述网页   B. 用 HTML 语言编写代码
       C. 用 Word 编辑并另存为网页   D. 用 FrontPage 制作网页

83. A. 目录结构   B. 导航系统
       C. 统一资源定位器 URL   D. 超链接

四、在 Dreamweaver 中不能将文本添加到网页文档的方法是（ 84 ）。Dreamweaver 窗口的"插入"面板实际上是（ 85 ）。Dreamweaver 可以在网页文档插入表格，表格是显示数据的重要手段，还可以（ 86 ）。

84. A. 直接在主控窗口输入文本
       B. 从现有的文本文档中复制和粘贴
       C. 直接在 Dreamweaver 中打开需要添加的文本文件
       D. 导入 Microsoft Word 内容

85. A. 由"常用"、"布局"、"表单"、"文本"等组成的一组面板
       B. 只能插入文本
       C. 很少使用的
       D. 用来导入 Microsoft Word 内容

86. A. 用来插入特殊符号   B. 作为网页版面布局的一种工具
       C. 用来修改网页的属性   D. 方便网页的编辑

参 考 答 案

笔试模拟题（一）：

1. A	2. C	3. A	4. C	5. B	6. C	7. B	8. A	9. C
10. D	11. A	12. C	13. A	14. B	15. A	16. C	17. B	18. B
19. D	20. A	21. B	22. C	23. A	24. A	25. B	26. D	27. A
28. D	29. A	30. D	31. A	32. C	33. D	34. B	35. D	36. C
37. A	38. C	39. D	40. D	41. B	42. A	43. A	44. C	45.
46. D	47. C	48. C	49. D	50. C	51.	52. B	53. B	54.
55. B	56. D	57. D	58. B	59. A	60. C	61. B	62. B	63. B
64. C	65. D	66. A	67. D	68. A	69. D	70. A	71. C	72. A
73. B	74. C	75. A	76. B	77. C	78. B	79. A	80. B	81. A
82. D	83. D	84. C	85. C	86. C				

笔试模拟题（二）：

1. D	2. C	3. A	4. D	5. B	6. C	7. C	8. B	9. D
10. A	11. C	12. B	13. A	14. C	15. D	16. D	17. C	18. D
19. B	20. D	21. C	22. A	23. C	24. D	25. B	26. C	27. D
28. D	29. D	30. C	31. B	32. C	33. C	34. A	35. B	36. D

37. D	38. B	39. B	40. C	41. A	42. B	43. C	44. B	45. B
46. A	47. C	48. C	49. B	50. D	51. D	52. B	53. D	54. A
55. A	56. C	57. B	58. C	59. C	60. C	61. C	62. B	63. D
64. C	65. A	66. C	67. C	68. C	69. C	70. A	71. C	72. D
73. A	74. C	75. C	76. C	77. C	78. A	79. C	80. C	81. D
82. A	83. D	84. C	85. A	86. B				

实 训 部 分

初级上机模拟题 1

考试时间：50 分钟（闭卷）

准考证号：　　　　姓名：　　　　选做模块的编号□

注意：① 试题中"T□"是文件夹名（考生的工作目录），"□"用考生自己的学号（后3位）填入。

② 本试卷包括第一卷和第二卷。第一卷各模块为必做模块，第二卷各模块为选做模块，考生**必须选做其中一个模块，多选无效**。请考生在本页右上方"选做模块的编号□"方格中填上所选做模块的编号。

③ 答题时应先做好必做模块一，才能做其余模块。

第一卷必做模块

必做模块一　文件操作（15分）

打开"资源管理器"或"计算机"窗口，按要求完成下列操作：

1. 在 D:\下新建一个文件夹 T□，并将"C:\实训\上机模拟题素材\AA1"文件夹中的所有文件及文件夹复制到 T□文件夹中。（4分）

2. 在 T□中建立一个文件夹 cp1，将 T□文件夹中除文件夹及.html 文件外的其他所有文件，移到 cp1 文件夹中。（4分）

3. 把 T□\cp1 文件夹中的所有.docx 文件压缩到文件 cp1.rar，保存在同一文件夹中。（3分）

4. 将 T□\cp1 文件夹中的 bh1.txt 文件重命名为 bak1.txt，并设属性为"只读"。（4分）

必做模块二　Word 操作（25分）

打开 T□\cp1 文件夹中的 Word 文档 file1.docx，完成以下操作：

1. 页面设置：设置纸张大小为16开，页边距上、下各为2.5 cm，左、右各为2 cm。（10分）

2. 将标题文字"王者之香——兰花"设置为三号、楷体、居中。（8分）

3. 设置正文各段段后间距0.5行，行距为固定值17磅。（7分）

4. 保存退出。

必做模块三　Excel 操作（20分）

打开 T□\cp1 文件夹中的 Excel 文档 E1.xlsx，完成以下操作：

1. 在 Sheet1 工作表中用公式或函数计算"平均分"（保留1位小数）和单科"最低分"。（10分）

2. 为 Sheet1 工作表建立一个副本，表名称为"备份"。（10分）

3. 保存退出。

必做模块四　网络操作（20 分）

1. 打开 T□文件夹中的 net1.html 文件，将该网页中的全部文本以文件名 ts1.txt 保存到 T□文件夹中。（10 分）

2. 启动 Foxmail 收发电子邮件软件，编辑电子邮件：

收件人地址：jsjks@gxwzy.com.cn

主题：T□作业

正文如下：

李老师：您好！

　　附件为我的作业。谢谢！

（考生姓名）

2014 年 2 月 1 日

3. 将 T□\cp1 文件夹中的 ww1.docx 文件作为电子邮件的附件，并发送邮件。（7 分）

4. 在 T□文件夹中新建一个文本文档 ip1.txt，输入并保存本机的 IP 地址。（3 分）

第二卷选做模块

本卷各模块为选做模块，考生只能选做其中一个模块，多做无效，完成以下操作：

选做模块一　数据库技术基础（20 分）

打开 T□\cp1 文件夹中的数据库文件 ma1.accdb，完成以下操作：

1. 修改基本表"产品储备"的结构，将"产品编号"字段设为主键，增加如下一个字段：

字段名称	数据类型	字段大小
产地	文本	10

2. 删除产品编号为 1002 的记录。

3. 为每条记录的"产地"字段输入数据，按顺序依次为：

广西　山东　湖北　四川

4. 创建名为"储量金额"的查询，包含表中的所有字段以及储量金额（储量金额=产品价格*产品储量），并按照产品储量从高到低排序。

5. 在同一数据库中，给"产品储备"表建立一个备份表，表名称为"备份"。

6. 关闭数据库，退出 Access。

选做模块二　多媒体技术基础（20 分）

打开 T□\cp1 文件夹中的演示文稿 sk1.pptx，完成以下操作：

1. 将设计"华丽"主题应用到所有幻灯片上。（8 分）

2. 设置所有幻灯片的切换效果为"显示"，换片方式为单击鼠标时以及每隔 5 s。（12 分）

3. 保存，退出 PowerPoint。

选做模块三　信息获取与发布（20 分）

启动 Dreamweaver，打开 T□文件夹中的 net1.html 文件，完成以下操作：

1. 修改页面属性，将页面字体大小设为 12 像素；标题字体设为"黑体"；文档标题设为"唐诗 3 首"；变换图像链接设为红色。

2. 设置表格宽度为 778 像素，居中对齐，边框粗细为 0，背景颜色为#EFFCA9。

3. 将 images 文件夹中的图片 tssx.gif 插入到第 1 行单元格中并居中对齐，设置其替换文本为"唐诗赏析"。

4. 将第 3 行拆分为 2 列；设置左、右两个单元格宽度分别为 592 像素、160 像素，将右边单元格背景色设为#FFFFCC。

5. 在第 2 首诗的标题中插入命名锚记，名称为 a1；设置表格第 2 行中的文本"感遇·其二"超链接到该命名锚记。

6. 保存退出。

初级上机模拟题 2

考试时间：50 分钟（闭卷）

准考证号：   姓名：   选做模块的编号□

注意：略，同初级上机模拟题 1 的注意。

第一卷必做模块

必做模块一 文件操作（15 分）

打开"资源管理器"或"计算机"窗口，按要求完成下列操作：

1. 在 D:\下新建一个文件夹 T□，并将"C:\实训\上机模拟题素材\AA2"文件夹中的所有文件复制到 T□文件夹中。（4 分）

2. 在 T□文件夹中建一个子文件夹 cp2，将 T□文件夹中除扩展名为.html 外的其他所有文件复制到 cp2 文件夹中。（4 分）

3. 启动"画图"程序，画一个填充色为红色的圆形，并保存该图片到 D:\T□\cp2 文件夹下，文件主名为 TU2、默认保存类型。（3 分）

4. 将 T□\cp2 文件夹中的 st2.txt 文件重命名为 new2.txt，并设属性为"只读"。（4 分）

必做模块二 Word 操作（25 分）

打开 T□\cp2 文件夹中的 word 文档 w2.docx，完成以下操作：

1. 将正文文字设置为小四号、黑体。（7 分）

2. 将正文所有段落设置为：首行缩进 2 字符，段后间距 0.5 行。（8 分）

3. 页面设置：设置纸张大小为 16 开，页边距上、下、左、右各为 2.0 cm。（10 分）

4. 保存退出。

必做模块三 Excel 操作（20 分）

打开 T□\cp2 文件夹中的 Excel 文档 E2.xlsx，完成以下操作：

1. 在 Sheet1 工作表中"产品编号"列左侧插入一列"序号"，输入各记录序号值：001、002、003、004、005、006。（10 分）

2. 在 Sheet1 工作表中用公式计算销售利润和销售额（公式在 Sheet1 工作表的首行）。（10 分）

3. 保存退出。

必做模块四 网络操作（20 分）

1. 打开 T□文件夹中的 net2.html 文件，将该网页中的全部文本，以文件名 net2.txt 保存到 T□文件夹中。（10 分）

2. 在 T□文件夹中新建一个文本文档 ip2.txt，输入本机的 IP 地址，保存退出。（3 分）

3. 启动 Foxmail 收发电子邮件软件，编辑电子邮件：

收件人地址：jsjks@gxwzy.com.cn

主题：T□稿件

正文如下：

张老师：您好！

　　附件为我的作业。谢谢！

（考生姓名）

2014 年 2 月 1 日

4. 将 T□\cp2 文件夹中的 fj2.txt 文件作为电子邮件的附件，并发送邮件。（7 分）

第二卷选做模块

本卷各模块为选做模块，考生只能选做其中一个模块，多做无效。

选做模块一　数据库技术基础（20 分）

打开 T□\cp2 文件夹中的数据库文件 ma2.accdb，完成以下操作：

1. 修改基本表"产品储备"的结构，将"产品编号"字段设为主键，增加如下一个字段：

字段名称　　　　　　数据类型　　　　　字段大小

　产地　　　　　　　文本　　　　　　　10

2. 删除产品编号为 1002 的记录。

3. 为每条记录的"产地"字段输入数据，按顺序依次为：

　广西　山东　湖北　四川

4. 创建名为"储量金额"的查询，包含表中的所有字段以及储量金额（储量金额=产品价格×产品储量），并按照产品储量从高到低排序。

5. 在同一数据库中，给"产品储备"表建立一个备份表，表名称为"备份"。

6. 关闭数据库，退出 Access。

选做模块二　多媒体技术基础（20 分）

1. 打开 T□\cp2 文件夹中的 p2.pptx 文件，将设计"平衡"主题应用到所有幻灯片上。（8 分）

2. 为第 3 张幻灯片的图片设置动画，进入效果为"飞入"，方向为"自左侧"，在上一个动作之后自动开始。（12 分）

3. 保存，退出 PowerPoint 。

选做模块三　信息获取与发布（20 分）

启动 Dreamweaver，打开 T□文件夹中的 net2.html 文件，完成以下操作：

1. 修改页面属性，将页面字体大小设为 12 像素；标题字体设为"黑体"；文档标题设为"唐诗 3 首"；变换图像链接设为红色。

2. 设置表格宽度为 778 像素，居中对齐，边框粗细为 0，背景颜色为#EFFCA9。

3. 将 images 文件夹中的图片 tssx.gif 插入到第 1 行单元格中并居中对齐，设置其替换文本为"唐诗赏析"。

4. 将第 3 行拆分为 2 列；设置左、右两个单元格宽度分别为 592 像素、160 像素，将右边单元格背景色设为#FFFFCC。

5. 在第 2 首诗的标题中插入命名锚记，名称为 a1；设置表格第 2 行中的文本"感遇·其二"超链接到该命名锚记。

6. 保存退出。

中级上机模拟题 1

考试时间：50 分钟（闭卷）

准考证号：　　　　姓名：　　　　选做模块的编号□

注意：略，同初级上机模拟题 1 的注意。

第一卷必做模块

必做模块一　文件操作（15 分）

打开"资源管理器"或"计算机"窗口，按要求完成下列操作：

1. 在 D:\下新建一个文件夹 T□，并将"C:\实训\上机模拟题素材\AA3"文件夹中的所有文件及文件夹复制到 T□文件夹中。（4 分）

2. 在 T□文件夹中建立一个文件夹 cp3，将 T□文件夹中除文件夹及.html 文件外的其他所有文件，移到 cp3 文件夹中。（4 分）

3. 将 T□\cp3 文件夹中的 pp3.jpg 做一个备份，备份文件名为 bak3.jpg。（4 分）

4. 把 T□\cp3 文件夹中的 pp3.jpg 和 bg3.doc 文件压缩到文件 cp3.rar，保存在当前文件夹。（3 分）

必做模块二　Word 操作（25 分）

打开 T□\cp3 文件夹中的 Word 文档 file3.docx，完成以下操作：

1. 页面设置：设置纸张大小为 16 开，页边距上、下、左、右各为 2.1 cm。（3 分）

2. 将标题文字"花中之魁——梅花"设置为小三号、黑体、居中。（3 分）

3. 在文档末尾插入文件 T□\cp3\bg3.docx，然后完成以下操作：（6 分）

（1）在表格第 4 行的下方插入一行。

（2）将所有单元格边框颜色设为蓝色。

4. 将正文的第 2 段和第 3 段合并为一段，并将该段分为等宽的两栏。（3 分）

5. 在表格下方输入如下文字，并将其字体颜色设置为红色：（7 分）

梅是中国的特产，原产于滇西北、川西南以至藏东一带的山地。大约六千年前分布到了长江以南地区，3000 年前即引种栽培。据科学考证，长沙马王堆出土的"脯梅"、"元梅"已有 2150 年的历史。

6. 设置正文各段落首行缩进 2 字符，段前间距为 0.5 行。（3 分）

7. 保存退出。

必做模块三　Excel 操作（20 分）

打开 T□\cp3 文件夹中的 Excel 文档 E3.xlsx，完成以下操作：

1. 在 Sheet1 工作表中用公式或函数求"库存总价"（库存总价=单价×库存）和"最大值"。（7 分）

2. 在 Sheet1 工作表中建立如下图所示的各仪器"库存"的簇状柱形图，并嵌入本工作表中。（6分）

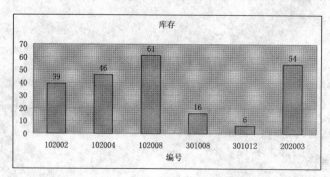

3. 在 Sheet2 工作表中筛选出"库存"大于 50 的记录。（3分）

4. 对 Sheet3 工作表中的数据进行分类汇总：按仪器名称分类，汇总每种仪器的库存总和。（4分）

5. 保存退出。

必做模块四 网络操作（20分）

1. 打开 T□文件夹中的 net3.html 文件，将该网页中的全部文本，以文件名 ts3.txt 保存到 T□文件夹中。（5分）

2. 启动 Foxmail 收发电子邮件软件，编辑电子邮件：（7分）

收件人地址：jsjks@gxwzy.com.cn

主题：T□作业

正文如下：

伍老师：您好！

　　附件为我的作业。谢谢！

（考生姓名）

2014 年 2 月 1 日

3. 将 T□\cp3 文件夹中的 bg3.docx 文件作为电子邮件的附件，并发送邮件。（3分）

4. 在 T□文件夹中新建一个文本文档 ip3.txt，输入并保存本机的 IP 地址。（5分）

第二卷选做模块

本卷各模块为选做模块，考生只能选做其中一个模块，多做无效。

选做模块一 数据库技术基础（20分）

打开 T□\cp3 文件夹中的数据库文件 ma3.accdb，完成以下操作：

1. 修改基本表"产品"的结构，将"产品 ID"字段设为主键，增加如下一个字段：（8分）

　　字段名称　　　　数据类型

　　中止　　　　　　是/否

2. 删除"产品 ID"为 6~11 的 6 条记录。（3分）

3. 修改"产品 ID"为 5 的记录，勾选其对应的"中止"字段。（1分）

4. 创建一个名为"订购金额"的查询，包含字段：产品名称、单价、订购量、再订购量、订购金额，其中订购金额=(订购量+再订购量)×单价，并按照订购金额从高到低排序。（5分）

5. 在同一数据库中，给"产品"表建立一个备份表，表名称为"备份"。（3分）

6. 关闭数据库，退出 Access。

选做模块二　多媒体技术基础（20分）

打开 T□\cp3 文件夹中的演示文稿 sk3.pptx，完成以下操作：

1. 将设计"元素"主题应用到所有幻灯片上。（3分）

2. 为第 2 张幻灯片中的文本"杏梅类"设置超链接，链接到第 4 张幻灯片。（3分）

3. 为第 3 张幻灯片的标题设置动画，进入效果为"形状"，方向为"放大"。（4分）

4. 在第 4 张幻灯片后新建一张幻灯片，选定其版式为"空白"版式；然后将 T□\cp3 文件夹中的图片 pp3.jpg 插入到新幻灯片中；将图片高度设置为 9 cm，宽度设置为 7 cm。（6分）

5. 设置所有幻灯片的切换效果为"涟漪"、方向为"从右上部"，换片方式为单击鼠标时以及每隔 6 s。（4分）

6. 保存，退出 PowerPoint。

选做模块三　信息获取与发布（20分）

启动 Dreamweaver，打开 T□ 文件夹中的 net3.html 文件，完成以下操作：

1. 修改页面属性，将页面字体大小设为 12 像素；左、右边距都为 0；文档标题设为"李白诗三首"；变换图像链接设为"绿色"。（5分）

2. 设置表格宽度为 776 像素，居中对齐，边框粗细为 0，背景颜色为#FFFFCC。（4分）

3. 将第 3 行拆分为 2 列；将右边单元格背景色设为#CCCCCC，将 images 文件夹中的图片 ts.jpg 插入该单元格中，置于单元格顶端。（4分）

4. 设置第 1 行单元格中文本"李白诗三首"的文本格式为"标题一"，文本颜色为红色，居中对齐。（3分）

5. 在第 3 首诗的标题中插入命名锚记，名称为 a2；设置表格第 2 行中的文本"春思"超链接到该命名锚记。（4分）

6. 保存退出。

中级上机模拟题 2

考试时间：50 分钟（闭卷）

准考证号：　　　　　姓名：　　　　　选做模块的编号□

注意：略，同初级上机模拟题 1 的注意。

第一卷必做模块

必做模块一文件操作（15分）

打开"资源管理器"或"计算机"窗口，按要求完成下列操作：

1. 在 D:\下新建一个文件夹 T□，并将"C:\实训\上机模拟题素材\AA4"文件夹中的所有文件和文件夹复制到 T□ 文件夹中。（4分）

2. 在 T□ 中建一个子文件夹 cp4，将 T□ 文件夹中除扩展名为.htm 文件外的其他所有文件，移到 cp4 文件夹中。（4分）

3. 启动"画图"程序，画一个填充色为红色的圆形，并保存该图片到 D:\T□\cp4 文件夹下，文件主名为 TU4、保存类型为 gif。（3分）

4. 将 T□\cp4 文件夹中的 zq.txt 文件重命名为 new4.txt，并设属性为"只读"。（4分）

必做模块二　Word 操作（25分）

打开 T□\cp4 文件夹中的 Word 文档 ccw4.docx，完成以下操作：

1. 页面设置：设置纸张大小为16开，页边距上、下、左、右各为 2.2 cm。（3分）

2. 将标题文字"苏绣"设置为小二号、居中。（2分）

3. 将正文各段落设置首行缩进2字符，段前间距为0.5行。（3分）

4. 在文档末尾插入 T□\cp4\t4.docx 文件，然后完成以下操作：（6分）

（1）在表格的第3列右侧插入一列。

（2）将整个表格边框线设为红色。

5. 交换第1段和第3段的位置；插入页眉"苏绣"。（4分）

6. 在表格下方输入如下文字：（7分）

一件艺术价值高的苏绣艺术品一般是图案秀美，做工精细，色彩典雅，富有深远的意境。而价值低劣的苏绣工艺品，图案一般比较呆板，缺乏艺术性，做工也相对粗糙。

7. 保存退出。

必做模块三　Excel 操作（20分）

打开 T□\cp4 文件夹中的 Excel 文件 cce4.xlsx，完成以下操作：

1. 在 Sheet1 工作表中的"货品名称"列左侧插入一列"序号"，输入各记录序号值：001、002、003、004、005、006。（4分）

2. 在 Sheet1 工作表中，用公式计算总价（总价=数量×单价），用函数分别求数量、单价各列的最小值。（6分）

3. 在 Sheet1 工作表中建立如下图所示的"货品号码"和"单价"的三维饼图，数据标志显示百分比，并嵌入本工作表中。（6分）

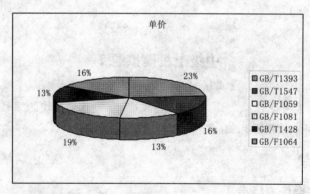

4. 在"汇总"工作表中，按"货品名称"分类汇总求出"数量"、"单价"的最大值。（4分）

5. 保存退出。

必做模块四　网络操作（20分）

1. 打开 T□ 文件夹中的 web4.htm 文件，将该网页中的图片，以文件名 img4.jpg 保存到 T□ 文件夹中。（5分）

2. 启动 Foxmail 收发电子邮件软件，编辑电子邮件：（7分）

收件人地址：jsjks@gxwzy.com.cn

主题：T□稿件

正文如下：

张老师：您好！

附件为我的作业。谢谢！

（考生姓名）

2014年2月1日

3. 将 T□\cp4\ctjr.txt 文件作为电子邮件的附件，并发送邮件。（3分）

4. 在 T□文件夹中新建一个文本文档 net4.txt，输入本机的 IP 地址，保存退出。（5分）

第二卷选做模块

本卷各模块为选做模块，考生只能选做其中一个模块，多做无效。

选做模块一　数据库技术基础（20分）

打开 T□\cp4 文件夹中的数据库文件 sp4.accdb，完成以下操作：

1. 修改基本表 djks2 结构，将"序号"字段设置为主键，将"销售单价"字段修改为：（10分）

字段名	数据类型	字段大小	格式	小数位数
销售单价	数字	单精度型	标准	1

2. 删除品名为 CPU 的记录。（2分）

3. 在表末尾追加如下记录：（3分）

序号	品名	规格	数量	销售单价
3	显示器	17寸	30	1800.0

4. 创建名为"销售额"的选择查询，包含序号、品名、规格、数量、销售单价和销售额字段，其中销售额=数量×销售单价，并要求按照销售额从低到高排序（5分）。

5. 关闭数据库，退出 Access。

选做模块二　多媒体技术基础（20分）

打开 T□\cp4 文件夹中的演示文稿 p4.pptx，完成以下操作

1. 设计"视点"主题应用到所有幻灯片上。（2分）

2. 将第1张幻灯片标题"黄鹤楼"设置超链接，链接到网址：http://www.qq.com。（3分）

3. 在第1张幻灯片后添加一张新的幻灯片，选定其版式为"空白"版式；然后将 T□\cp4 文件夹中的图片 photo4.jpg 插入到新幻灯片中；将图片高度设置为9 cm，宽度设置为7 cm，将图片移到幻灯片中间。（7分）

4. 设置所有幻灯片的切换效果为"立方体"、方向为"自顶部"，换片方式为单击鼠标时以及每隔5 s。（4分）

5. 为最后一张幻灯片的标题设置动画，进入效果为"劈裂"，方向为"中央向左右展开"。（4分）

6. 保存，退出 PowerPoint。

选做模块三　信息获取与发布（20分）

启动 Dreamweaver，打开 T□文件夹中的 Page4.htm 文件，完成以下操作：

1. 将网页标题设为"中国传统节日"，页面背景色设为淡黄色（#FFFFCC）。（4分）

2. 将第 1 行的两个单元格进行合并，在合并后的单元格中输入文字"中国传统节日"，并将文字设置为宋体，居中，大小为 32 像素。（4分）

3. 将 T□\cp4 文件夹中的图片 ctjrb.jpg 插入到第 3 行右下角的单元格中。（4分）

4. 将 T□\cp4\ctjr.txt 文件中的文本复制到第 3 行左下角的单元格中，并将文本设置为宋体，大小为 15 像素。（4分）

5. 设置表格第 2 行第 4 个单元格中的文本"中秋"超链接到网址：http://www.baidu.com。（4分）

6. 保存退出。

高级上机模拟题 1

考试时间：50 分钟（闭卷）

准考证号：　　　　　　姓名：　　　　　选做模块的编号□

注意：略，同初级上机模拟题 1 的注意。

第一卷必做模块

必做模块一　文件操作（15分）

打开"资源管理器"或"计算机"窗口，按要求完成下列操作：

1. 在 D:\下新建一个文件夹 T□，并将"C:\实训\上机模拟题素材\AA5"文件夹中的所有文件复制到 T□文件夹中。（4分）

2. 在文件夹 T□中，建立一个子文件夹 cp5，将 T□文件夹中除扩展名为.mht 和.htm 文件外的其他所有文件，移到 cp5 文件夹中。（4分）

3. 启动"画图"程序，画一个填充色为绿色的正方形，并保存该图片到 D:\T□\cp5 文件夹下，文件主名为 TU5、保存类型为"GIF（*.GIF）"，然后将 TU5.GIF 文件和 Tp5.gif 的文件压缩到 cp5.rar 中。（3分）

4. 将 T□\cp5 文件夹中的 page5.txt 文件属性设置为只读。（4分）

必做模块二　Word 操作（25分）

打开 T□\cp5 文件夹中的 Word 文档 ww5.docx，按要求完成下列操作：

1. 页面设置：设置纸张大小为 16 开，页边距左、右各为 2.3 cm，每页 20 行，每行 39 字符。（3分）

2. 将标题文字"舰载机型"设置为楷体、小三号、居中。（3分）

3. 输入如下文字作为正文的最后一段，并将字体颜色设置为蓝色：（7分）

预警机也是航母上重要的组成部分。运–7 改装的预警机原本的呼声很高，但是瓦良格号缺少其必需的弹射器，因此几无可能选用。在瓦良格号上装备自主研发的直–8 预警直升机可能性比较大。

4. 将正文所有段落设置为：首行缩进 2 字符，行距为固定值 18 磅。（4分）

5. 使用"查找/替换"功能将正文中所有"舰载"设置为红色。（2分）

6. 在文本末尾插入 T□\cp5 文件夹中的 wbg5.docx 文件，然后完成以下操作：（6分）

（1）将文本转换为表格。

（2）在表格第一行的上边插入一行，合并单元格,行标题输入"瓦良格"。表格样式如下：

瓦良格	
生产厂商	乌克兰苏维埃社会主义共和国的尼古拉耶夫造船厂
参考价格	2000 万美元
车型尺寸	舰长 304 m、水线 281 m；舰宽 70.5 m、吃水 10.5 m
最高时速	80 nm

7. 保存退出。

必做模块三　Excel 操作（20分）

打开 T□\cp5 文件夹中的 Excel 文档 E5.xlsx，完成以下操作：

1. 在 Sheet1 工作表中用公式或函数计算"总评"（总评=平时成绩×40%+段考成绩×30%+期末成绩×30%）和"平均分"。（6分）

2. 在 Sheet1 中建立如下图所示的各同学"期末成绩"的簇状柱形图，并嵌入本工作表中。（6分）

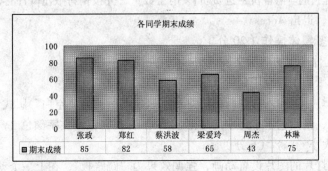

3. 在 Sheet2 工作表中，使用条件格式将"期末成绩"小于 60 的数据设为红色。（3分）

4. 对 Sheet2 工作表中的数据进行分类汇总：按"系名"汇总各系的"段考成绩"及"期末成绩"平均值。（5分）

5. 保存退出。

必做模块四　网络操作（20分）

1. 打开 T□文件夹中的 web5.mht 文件，将该网页中的全部文本，以文件名 wsh5.txt 保存到 T□文件夹中。(5分)

2. 启动 Foxmail 收发电子邮件软件，编辑电子邮件：（7分）

收件人地址：jsjks@gxwzy.com.cn

主题：T□稿件

正文如下：

李老师：您好！

　　附件为我的作业。谢谢！

（考生姓名）

2014 年 2 月 1 日

3. 将 T□\cp5\hg.jpg 文件作为电子邮件的附件，并发送邮件。（3分）

4. 在 T□ 文件夹中新建一个文本文档 net5.txt，输入本机的 IP 地址，保存退出。（5分）

第二卷选做模块

本卷各模块为选做模块，考生只能选做其中一个模块，多做无效。

选做模块一　数据库操作（20分）

打开 T□\cp5 文件夹中的数据库文件 db5.accdb，完成以下操作：

1. 修改基本表 tab4 结构，将"编号"字段的字段大小改为 6，并设为主键；修改"销售数量"字段，数据类型改为"数字"，字段大小改为"整型"。（10分）

2. 删除第二条记录，其编号为"002"。（2分）

3. 在表末尾追加如下记录：（3分）

编号	商品名称	销售数量	进货价	销售价
007	手机 G	936	685	880

4. 创建名为"销售利润"的选择查询，包含：编号、商品名称、销售数量、进货价、销售价、销售利润，其中销售利润=(销售价 – 进货价)×销售数量，并按销售数量降序排序（5分）。

5. 关闭数据库，退出 Access。

选做模块二　多媒体操作（20分）

打开 T□\cp5 文件夹中的演示文稿 sk5.pptx，完成以下操作：

1. 设计"新闻纸"主题应用到所有幻灯片上。（3分）

2. 在第 1 张幻灯片前插入一张新的幻灯片，选定其版式为"空白"版式，在幻灯片中插入艺术字"花中之王"，使用艺术字库中的"渐变填充-深红，强调文字颜色 1，轮廓-白"样式，字体为黑体，文字大小 60 磅。（6分）

3. 为第 2 张幻灯片的图片设置动画，强调效果为"跷跷板"，在上一个动作之后自动开始。（4分）

4. 在第 2 张幻灯片中插入 T□\cp5 文件夹中的文件 m5.mp3，设定为"在单击时"播放，"循环播放，直到停止"。（3分）

5. 为第 3 张幻灯片标题"菏泽牡丹"设置超链接，链接到网址：http://www.baidu.com。（4分）

6. 在第 4 张幻灯片右下角插入一个矩形，设置矩形动作为链接到第 2 张幻灯片。（3分）

7. 保存退出。

选做模块三　信息获取与发布（20分）

启动 Dreamweaver，打开 T□ 文件夹中的 Page5.htm 文件，完成以下操作：

1. 设置网页标题为：亚马逊雨林；页面字体为宋体、14 像素，背景色为#CCFFFF。（4分）

2. 设置表格宽度为 760 像素，单元格间距为 1，单元格边距为 4，边框粗细为 0，表格居中对齐，表格背景色为#FFFFFF。（5分）

3. 将第 1 行中的文本设为"标题 1"、居中对齐。（1分）

4. 在第 2 行单元格中输入文本：亚马逊雨林 | 公主港 | 科莫多公园，为文本"公主港"建立超链接，链接到网页文件 web5.mht。（3分）

5. 将第 3 行拆分为两列，将左列宽度设为 250 像素；将 T□\cp5\y5.jpg 图像文件插入到左边单元格中；将 T□\cp5\page5.txt 文件中的文本复制到右边单元格中。（4分）

6. 在第 4 行单元格中插入一条宽度为 90% 的水平线，在第 5 行单元格中插入系统日期。（3 分）

7. 保存退出。

高级上机模拟题 2

考试时间：50 分钟（闭卷）

准考证号：　　　　姓名：　　　　选做模块的编号□

注意：略，同初级上机模拟题 1 的注意。

第一卷必做模块

必做模块一　文件操作（15 分）

打开"资源管理器"或"计算机"窗口，按要求完成下列操作：

1. 在 D:\下新建一个文件夹 T□，并将"C:\实训\上机模拟题素材\AA6"文件夹中的所有文件及文件夹复制到 T□文件夹中。（4 分）

2. 在 T□中建立一个文件夹 cp6，将 T□文件夹中除文件夹及 .html 文件外的其他所有文件，移到 cp6 文件夹中。（4 分）

3. 将 T□\cp6 文件夹中的 dd6.rar 文件解压到当前文件夹中。（3 分）

4. 将 T□\cp6 中的 ab.txt 文件重命名为 new6.txt，并删除文件大小为 0 字节的文件。（4 分）

必做模块二　Word 操作（25 分）

打开 T□\cp6 文件夹中的 Word 文档 file6.docx，完成以下操作：

1. 页面设置：设置纸张大小为 16 开，页边距上下各为 2.0 cm，装订线在左边、1.0 cm，横向。（3 分）

2. 将标题文字"月月常开——月季"，设置为红色、三号、居中。（3 分）

3. 在正文第三段的"普通的祖先，"之后，输入如下文字，并将其字体颜色设置为蓝色：（7 分）

这是人们所不希望的。他们抱怨说"实生苗种群量必须每年加大才能发现好的品种"，"发现优良品种的机会越来越少了"，对此人们各抒己见，后来人们认为有很多因素共同起作用。

4. 设置正文各段首行缩进 2 个字符，段前间距 0.5 行，行距为最小值 18 磅。（4 分）

5. 将 T□\cp6 文件夹中的图片 pp6.jpg 插入到正文第一段文字中间，设置版式为"四周型"。（3 分）

6. 对文档中的表格完成以下操作：（5 分）

（1）在表格第二行的下方插入一行；设置各行行高为 1 cm。

（2）设置表格内所有单元格水平对齐方式为"居中"。

7. 保存退出。

必做模块三　Excel 操作（20 分）

打开 T□\cp6 文件夹中的 Excel 文档 E6.xlsx，完成以下操作：

1. 在 Sheet1 工作表中用公式或函数计算：销售金额[销售金额=(进货量－库存量)×单价]和"总计"。（6 分）

2. 在 Sheet1 中建立如下图所示的各产品"库存量"及"进货量"的带数据标记的折线图，

并嵌入本工作表中。（6分）

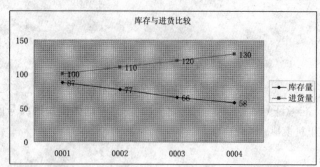

3. 在 Sheet1 工作表第一行的上方插入一行，然后将 A1:G1 合并及居中，输入"销售表"作为标题。（3分）

4. 对 Sheet2 工作表中的数据进行分类汇总：按"产品类别"汇总各类产品"库存量"及"进货量"总和。（5分）

5. 保存退出。

必做模块四　网络操作（20分）

1. 打开 T□文件夹中的 net6.html 文件，将该网页中的全部文本以文件名 nn6.txt 保存到 T□文件夹中。(5分)

2. 启动 Foxmail 收发电子邮件软件，编辑电子邮件：（7分）

收件人地址：jsjks@gxwzy.com.cn

主题：T□作业

正文如下：

付老师：您好！

　　附件为我的作业。谢谢！

（考生姓名）

2014 年 2 月 1 日

3. 将 T□\cp6 文件夹中的 pp6.jpg 文件作为电子邮件的附件，并发送邮件。（3分）

4. 在 T□文件夹中新建一个文本文档 ip6.txt，输入并保存本机的 IP 地址。（5分）

第二卷选做模块

本卷各模块为选做模块，考生只能选做其中一个模块，多做无效。

选做模块一　数据库技术基础（20分）

启动 Access，打开 T□\cp6 文件夹中的数据库文件 ma6.accdb，完成以下操作：

1. 修改基本表"职工信息"的结构，将"编号"字段设为主键，增加如下一个字段：（10分）

字段名称	数据类型	字段大小	默认值
学历	文本	10	研究生

2. 删除表中编号为 100001 的记录。（2分）

3. 修改姓名为"张红瑜"的记录，将"籍贯"字段的值改为"广西"。（1分）

4. 创建名为"男职工"的查询，查看性别为男的职工信息，查询包含表中所有字段，并按

照姓名字段升序排序。(5分)

5. 在同一数据库中,给"职工信息"表建立一个备份表,表名称为"备份"。(2分)

6. 关闭数据库,退出 Access。

选做模块二 多媒体技术基础(20分)

打开 T□\cp6 文件夹中的演示文稿 sk6.pptx,完成以下操作:

1. 任选一个设计主题应用到所有幻灯片上。(3分)

2. 更改第 2 张幻灯片的版式为"标题和内容",复制 T□\cp6\pp6.docx 文件中的文本到文本占位符内。(4分)

3. 设置所有幻灯片的切换效果为"库",方向为"自左侧",换片方式为单击鼠标时以及每隔 5 s。(4分)

4. 设置第 3 张幻灯片内容文本的动画,强调效果为"透明",效果选项为 25%。(5分)

5. 在最后一张幻灯片中插入一个动作按钮,链接到第一张幻灯片。(4分)

6. 保存退出。

选做模块三 信息获取与发布(20分)

启动 Dreamweaver,打开 T□ 文件夹中的 net6.html 文件,完成以下操作:

1. 修改页面属性,将页面字体大小设为 12 像素;背景图像设为 images 文件夹中的图片文件 bg6.gif,背景重复方式为"横向重复";文档标题设为"王维诗三首-2"。(5分)

2. 设置表格宽度为 776 像素,居中对齐,边框粗细为 0,背景颜色为#FFCCFF。(4分)

3. 将第 3 行拆分为 2 列;设置左、右两个单元格宽度分别为 67%、33%,将右边单元格背景图像设为 images 文件夹中的图片文件 ts.jpg。(4分)

4. 设置第 1 行单元格中文本"王维诗三首-2"的文本格式为"标题一",文本字体为"黑体",居中对齐。(3分)

5. 在第 3 首诗的标题中插入命名锚记,名称为"a6";设置表格第 2 行中的文本"西施咏"超链接到该命名锚记。(4分)

6. 保存退出。

第四部分 继续教育复习题

理 论 部 分

笔试模拟题 1

(考试时间 60 分钟，闭卷)

一、基本知识与 Windows

1. 冯·诺依曼提出的计算机体系结构中的五大组成部分是（　　）。
   A. CPU、硬盘、显示器、键盘和鼠标
   B. 控制器、运算器、存储器、输入和输出设备
   C. 主机、光驱、显示器、键盘和鼠标
   D. CPU、硬盘、光驱、显示器和键盘

2. CAD 的含义是（　　）。
   A. 计算机科学计算　　　　　　　　B. 办公自动化
   C. 计算机辅助设计　　　　　　　　D. 管理信息系统

3. 第四代计算机使用的逻辑元器件是（　　）。
   A. 晶体管　　　　　　　　　　　　B. 电子管
   C. 中、小规模集成电路　　　　　　D. 大规模和超大规模集成电路

4. 计算机能直接识别的语言是（　　）。
   A. 机器语言　　　　　　　　　　　B. 自然语言
   C. 汇编语言　　　　　　　　　　　D. 高级语言

5. 计算机存储器中的 Cache 是（　　）。
   A. 只读存储器　　　　　　　　B. 可擦除可再编程只读存储器
   C. 可编程只读存储器　　　　　D. 高速缓冲存储器

6. 下列存储器中访问速度最快的是（　　）。
   A. 硬盘　　　　　　B. 软盘　　　　　C. RAM　　　　　D. 光盘

7. 内存与外存的主要差别是（　　）。
   A. 内存速度快，价格便宜，外存则相反
   B. 内存速度快，价格较贵，外存则相反
   C. 内存速度慢，存储容量大，外存则相反
   D. 内存速度慢，存储容量小，外存则相反

8. 计算机软件系统包括（　　）。

A. 系统软件和应用软件　　　　B. 编辑软件和应用软件

C. 数据库软件和工具软件　　　D. 程序和数据

9. 打印机是一种（　　）。

　　A. 输入设备　　　B. 输出设备　　　C. 存储器　　　D. 运算器

10. 下列字符中，ASCII 码值最大的是（　　）。

　　A. a　　　　B. H　　　　C. 7　　　　D. b

11. 计算机病毒主要对（　　）造成损坏。

　　A. 磁盘驱动器　　B. 磁盘　　　C. 程序和数据　　D. 磁盘及其中的程序

12. 计算机病毒可通过（　　）传播。

　　A. 键盘　　　　B. 打印机　　　C. 电子邮件　　　D. 扫描仪

13. 计算机病毒是一种（　　）。

　　A. 特殊的计算机部件　　　　B. 游戏软件

　　C. 人为编制的特殊程序　　　D. 能传染的生物病毒

14. 目前使用的防病毒软件的作用是（　　）。

　　A. 查出任何已感染的病毒　　　B. 查出并清除任何病毒

　　C. 消除已感染的任何病毒　　　D. 查出和清除部分已知名的病毒

15. 根据地理覆盖范围，计算机网络可分成（　　）。

　　A. 专用网和公用网　　　　B. 局域网、城域网和广域网

　　C. Internet 和 Intranet　　D. 校园网和企业网

16. 局域网由（　　）统一指挥，提供文件、打印、通信和数据库管理等服务功能。

　　A. 网卡　　　　　　　　　B. 磁盘操作系统 DOS

　　C. 网络操作系统　　　　　D. Windows 98

17. Internet 中，用（　　）标识一台计算机。

　　A. 计算机名　　B. IP 地址　　C. 电子邮件地址　D. 该机的物理地址

18. 超文本与一般文档的最大区别是它（　　）。

　　A. 有文字有声音　　　　B. 有文字有图像

　　C. 有文字有链接　　　　D. 有文字有图片

19. URL 的意思是（　　）。

　　A. 统一资源定位符　　　B. Internet 协议

　　C. 简单邮件传输协议　　D. 传输控制协议

20. Internet 采用的协议类型为（　　）。

　　A. TCP/IP　　B. IEEE8022　　C. X. 25　　D. IPX／SPX

21. 以下 IP 地址中，（　　）是正确的。

　　A. 202,26,76,81　　B. 192.168.0.5　　C. 202;121;96;2　　D. 203-96-199-1

22. 非法的 Windows XP 文件名是（　　）。

　　A. x+y　　　B. x-y　　　C. x*y　　　D. x÷y

23. 活动窗口指的是（　　）。

　　A. 整个屏幕　　　　B. 能看见的窗口

　　C. 正在操作的窗口　　D. 任务栏中的窗口

24. 如果不小心删除了桌面上某个应用程序的快捷图标，那么（　　　）。

    A. 该应用程序再也不能运行

    B. 再也不能建立该应用程序的快捷图标

    C. 还能重新建立该应用程序的快捷图标

    D. 该应用程序同时也被删除

25. 把 Windows 的窗口与对话框作比较，窗口可以移动和改变大小，而对话框（　　　）。

    A. 既不能移动，也不能改变大小　　　　B. 仅可以移动，不能改变大小

    C. 仅可以改变大小，不能移动　　　　　D. 既能移动，也能改变大小

26. 在资源管理器中，文件夹左侧带"+"号表示（　　　）。

    A. 这个文件夹已经展开　　　　　　　　B. 这个文件夹受密码保护

    C. 这个文件夹是隐含文件夹　　　　　　D. 这个文件夹下还有子文件夹，且未打开

27. 在 Windows 中，不属于文件属性的是（　　　）。

    A. 系统　　　　　　B. 作者　　　　　　C. 隐藏　　　　　　D. 只读

28. 用户刚输入的信息在保存之前，存放在（　　　）中。

    A. ROM　　　　　　B. RAM　　　　　　C. CD-ROM　　　　　D. 磁盘

29. 剪贴板的一个重要作用是（　　　）。

    A. 保存数据　　　　B. 撤离数据　　　　C. 数据显示　　　　D. 数据交换

30. 在计算机存储容量中，1 MB 等于（　　　）。

    A. 1 024×1 024 B　　　　　　　　　　B. 1 024×1 024 B

    C. 1 000×1 000 B　　　　　　　　　　D. 1 000×1 000 B

31. 电子邮件地址的正确形式是（　　　）。

    A. 用户名@域名　　　　　　　　　　　B. 用户名#域名

    C. 用户名／域名　　　　　　　　　　　D. 用户名.域名

32. 清空回收站后，被删除的文件或文件夹（　　　）。

    A. 完全可以还原　　　　　　　　　　　B. 部分可以还原

    C. 不可以再还原　　　　　　　　　　　D. A、B、C 都不对

33. 记事本是用于编辑（　　　）文件的实用程序。

    A. 纯文本　　　　　B. 图形　　　　　　C. 电子表格　　　　D. 数据库

34. 在 Windows 中，将应用程序窗口最小化后，应用程序（　　　）。

    A. 在后台运行　　　B. 暂停运行　　　　C. 被关闭了　　　　D. 仍在前台运行

35. 在某个窗口中已进行了多次剪切操作，当关闭了该窗口后，剪贴板的内容是（　　　）。

    A. 第一次剪切的内容　　　　　　　　　B. 最后一次剪切的内容

    C. 所有剪切的内容　　　　　　　　　　D. 空白

36. 把硬盘上的数据传送到计算机的内存中去，称为（　　　）。

    A. 打印　　　　　　B. 写盘　　　　　　C. 输出　　　　　　D. 读盘

37. Windows 的目录结构采用的是（　　　）。

    A. 树形结构　　　　B. 线形结构　　　　C. 层次结构　　　　D. 网状结构

38. 若要快速查找扩展名为.doc 的文件，文件的排列方式可采用（　　　）。

    A. 按名称　　　　　B. 按类型　　　　　C. 按大小　　　　　D. 按日期

39. 以下不属于操作系统的是（　　）。
    A. Linux 　　　B. Windows XP 　　C. FoxPro 　　　D. Unix
40. 如果用户在一段时间（　　），Windows 将启动执行屏幕保护程序。
    A. 没有按键盘　　　　　　　B. 没有移动鼠标
    C. 既没有按键盘，也没有移动鼠标　　D. 没有使用打印机

二、Word 与 Excel 部分

41. 在 Word 中编辑一个文档，为保证屏幕显示与打印结果相同，视图模式应设置在（　　）。
    A. 大纲　　　B. 普通　　　C. 联机　　　D. 页面
42. 在 Word 中编辑一个文档，要将该文档换名存盘，应当执行的菜单命令是（　　）。
    A. 保存　　　B. 新建　　　C. 另存为　　　D. 打开
43. 在 Word 的文档编辑状态，进行字体设置后，按所设的字体显示的是（　　）。
    A. 插入点所在段落的文字　　　B. 插入点所在行的文字
    C. 文档中被选择的文字　　　D. 文档的全部文字
44. 在编辑文档时，如果操作错误，则（　　）。
    A. 无法纠正　　　B. 只能手工修改
    C. 单击"自动更正"　　　D. 单击"撤销"纠正
45. Word 中，利用（　　）可以快速建立具有相同结构的文件。
    A. 模板　　　B. 样式　　　C. 格式　　　D. 视图
46. Word 默认的字形、字体、字号是（　　）。
    A. 常规型、宋体、4号　　　B. 常规型、宋体、5号
    C. 常规型、黑体、5号　　　D. 常规型、仿宋体、5号
47. Word 中设定打印纸张的大小，正确的操作是（　　）。
    A. "文件"→"打印预览"　　　B. "视图"→"页眉和页脚"
    C. "视图"→"工具栏"　　　D. "文件"→"页面设置"
48. 在 Word 编辑文档时，每个段落结束处有一个段落标记，它是通过（　　）得到的。
    A. 按空格键　　B. 输入句号　　C. 按【End】键　　D. 按【Enter】键
49. Word "文件"选项卡下部所显示的文件名是（　　）。
    A. 当前打开的所有文档窗口的文件名
    B. 最近被应用程序打开过的文件名
    C. 最近被 Word 打开或处理过的文件名
    D. 正在被打印的文件名
50. Word 文档中英文下方出现红色波浪下画线表示（　　）。
    A. 已修改过的文档　　　B. 对输入的确认
    C. 可能是拼写错误　　　D. 对修改的确认
51. 当前工作表是指（　　）。
    A. 第一张工作表　　　B. 最后一张工作表
    C. 被选中激活的工作表　　　D. 有数据的工作表
52. Excel 中，被选中单元格的内容还会在（　　）中显示。
    A. 编辑栏　　B. 标题栏　　C. 工具栏　　　D. 菜单栏

53. Excel 中的一个字段，即为工作表的（　　　）。
    A. 一列　　　　　B. 一行　　　　　C. 一段　　　　　D. 一页

54. Excel 中，一个表格的列数最多为（　　　）。
    A. 64　　　　　　B. 128　　　　　　C. 256　　　　　　D. 512

55. 在 Excel 中，选中一个单元格后按【Del】键，这是（　　　）。
    A. 删除该单元格中的数据和格式　　　B. 仅删除该单元格中的数据
    C. 删除该单元格　　　　　　　　　　D. 仅删除该单元格中的格式

56. 工作表的单元格在执行某些操作之后，显示一串#符号，说明单元格（　　　）。
    A. 公式有错，无法计算　　　　　　　B. 数据已经因操作失误而丢失
    C. 显示宽度不够，只要调整宽度即可　D. 格式与类型不匹配，无法显示

57. Excel 中，（　　　）是单元格的绝对引用。
    A. $C10　　　　　B. $C$10　　　　　C. B$10　　　　　D. D10

58. Excel 2003 中，函数（　　　）计算选定的单元格区域内数值的最大值。
    A. SUM　　　　　B. COUNT　　　　　C. AVERAGE　　　　D. MAX

59. 如果某单元格输入=“计算机文化”&“Excel”，结果为（　　　）。
    A. 计算机文化&Excel.　　　　　　　B. “计算机文化”&“Excel”
    C. 计算机文化 Excel　　　　　　　　D. 以上都不是

60. 如果某单元格显示为“#DIV／0!”，这表示（　　　）。
    A. 以 0 为分母的错误　　　　　　　　B. 数据错误
    C. 行高不够　　　　　　　　　　　　D. 列宽不够

笔试模拟题 2

（考试时间 60 分钟，闭卷）

一、Word 与 Excel 部分

1. 编辑排版一个文档完毕后，若要知道其打印效果，可选择（　　　）功能。
    A. 打印预览　　　　　　　　　　　　B. 模拟打印
    C. 提前打印　　　　　　　　　　　　D. 屏幕打印

2. Word 窗口中打开文档 MWA，修改后另存为 MWC，则文档（　　　）。
    A. MWA 是当前文档　　　　　　　　B. MWC 是当前文档
    C. MWC 和 MWA 都是当前文档　　　D. MWC 和 MWA 均不是当前文档

3. Word 文本编辑区内有一个闪动的粗竖线，它表示（　　　）。
    A. 插入点　　　　　　　　　　　　　B. 文章的结尾符
    C. 字符选取标志　　　　　　　　　　D. 鼠标光标

4. 在 Word 编辑中，文字下面有红色波浪下画线表示（　　　）。
    A. 已修改过的文档　　　　　　　　　B. 对输入的确认
    C. 可能是拼写错误　　　　　　　　　D. 可能是非法的文字

5. 在 Word 文档中，段落标记是在输入（　　　）之后产生的。
    A. 句号　　　　　　　　　　　　　　B.【Enter】键

C.【Shift+Enter】组合键　　　　　　　　D. 分页符

6. Word 默认的字形、字体、字号是（　　　）。

   A. 常规型、宋体、4 号　　　　　　　B. 常规型、宋体、5 号

   C. 常规型、黑体、5 号　　　　　　　D. 常规型、仿宋体、5 号

7. 在 Word 的编辑状态下，插入图文框只能在（　　　）视图中进行。

   A. 页面　　　　B. 联机版式　　　　C. 大纲　　　　D. 打印预览

8. 在 Word 中，设置段落缩进后，文本相对于纸的边界的距离等于（　　　）。

   A. 页边距+缩进量　　　　　　　　　B. 页边距

   C. 缩进距离　　　　　　　　　　　　D. 以上都不是

9. Word 设定打印纸张的大小，应做的操作是（　　　）。

   A. "文件"→"打印预览"　　　　　　B. "视图"→"页眉和页脚"

   C. "视图"→"工具栏"　　　　　　　D. "文件"→"页面设置"

10. 如果要将 Word 文档的扩展名取名 . txt，可在"另存为"对话框的"保存类型"下拉列表框中选择（　　　）。

   A. 纯文本　　　B. Word 文档　　　C. 文档模板　　　D. 其他

11. Word 中，利用（　　　）可以快速建立具有相同结构的文件。

   A. 模板　　　　B. 样式　　　　C. 格式　　　　D. 视图

12. 对于 Excel 2003，下面说法中正确的是（　　　）。

   A. 可以将图表插入某个单元格中

   B. 图表也可以插入到一张新的工作表中

   C. 不能在工作表中嵌入图表

   D. 插入的图表不能在工作表中任意移动

13. 在 Excel 2003 中，工作簿是由（　　　）组成的。

   A. 单元格　　　B. 文字　　　　C. 工作表　　　D. 单元格区域

14. count 是 Excel 中的一个函数，它的用途是计算所选单元格区域中（　　　）。

   A. 数据的和　　　　　　　　　　　B. 单元格个数

   C. 有数值的单元格个数　　　　　　D. 数值的和

15. 在 Excel 中，某公式中引用了一组单元格，它们是(C3:E5)，该公式引用的单元格总数为（　　　）。

   A. 7　　　　　B. 9　　　　　C. 10　　　　　D. 8

16. Excel 已选单元格中的内容还会在（　　　）中显示。

   A. 编辑栏　　　B. 标题栏　　　C. 工具栏　　　D. 菜单栏

17. 在 Excel，编辑栏的名称框显示为 A10，则表示当前单元格位置为（　　　）。

   A. 第 1 列第 10 行　　　　　　　　B. 第 1 列第 1 行

   C. 第 10 列第 1 行　　　　　　　　D. 第 10 列第 10 行

18. 下列符号中属于算术运算符的是（　　　）。

   A. (=　　　　　B. +　　　　　C. ()　　　　　D.)

19. Excel 中对数字格式的单元格进行修改时，如出现"######"，其原因为（　　　）。

   A. 格式语法错误　　　　　　　　　B. 单元格宽度不够

　　　C. 系统出现错误　　　　　　　　　D. 以上答案都不正确

20. 如果 Al:A5 为数值 10、7、9、27、2，则（　　　）是正确的。

　　　A. MAX(A1:A5)等于 10　　　　　　B. MAX(A1:A5,30)等于 30

　　　C. MAX(A1:A5，30)等于 27　　　　D. MAX(A1:A5,25)等于 25

二、基本知识与 Windows

21. 微型计算机与外部交换信息通过（　　　）进行。

　　　A. 键盘　　　　　　B. 输入输出设备　　C. 显示器　　　　　D. 鼠标

22. CAD 的含义是（　　　）。

　　　A. 计算机科学计算　　　　　　　　B. 办公自动化

　　　C. 计算机辅助设计　　　　　　　　D. 管理信息系统

23. 下面的描述中，正确的是（　　　）。

　　　A. 外存中的信息，可直接被 CPU 处理

　　　B. 计算机使用的汉字内码和 ASCII 码是一样的

　　　C. 键盘是输入设备，显示器是输出设备

　　　D. 操作系统是应用软件

24. 存储器存储容量的基本单位是（　　　）。

　　　A. 字　　　　　　　B. 字节　　　　　　C. 位　　　　　　　D. 千字节

25. 在计算机中，CPU 访问速度最快的存储器是（　　　）。

　　　A. 光盘　　　　　　B. 内存储器　　　　C. 软盘　　　　　　D. 硬盘

26. （　　　）属于计算机的外围设备。

　　　A. 微处理器　　　　B. 内存储器　　　　C. 控制器　　　　　D. 硬盘

27. 我们通常说的"裸机"指的是（　　　）。

　　　A. 只装备有操作系统的计算机　　　B. 未装备任何软件的计算机

　　　C. 不带输入输出的计算机　　　　　D. 计算机主机暴露在外

28. 计算机的存储系统由（　　　）组成。

　　　A. 软盘和硬盘　　　　　　　　　　B. 内存和外存

　　　C. 光盘和磁带机　　　　　　　　　D. ROM 和 RAM

29. 在计算机中，下列属于显示器性能参数的是（　　　）。

　　　A. 微型计算机的型号　　　　　　　B. CPU 的频率

　　　C. 分辨率　　　　　　　　　　　　D. 显示器的外观

30. 光驱的倍速越大（　　　）。

　　　A. 数据传输越快　　　　　　　　　B. 纠错能力越强

　　　C. 光盘的容量越大　　　　　　　　D. 播放 CD 效果越差

31. 计算机中的数据是指（　　　）。

　　　A. 一批数字形式的信息

　　　B. 一个数据分析

　　　C. 程序、文稿、数字、图像、声音等信息

　　　D. 程序及其有关的说明资料

32. 微型计算机硬件系统的性能主要取决于（　　　）。

    A．微处理器   B．显示器   C．显示适配卡   D．硬盘存储器

33. 下列存储器中，断电后信息将会丢失的是（   ）。

    A．ROM   B．RAM   C．CD-ROM   D．磁盘存储器

34. 活动窗口指的是（   ）。

    A．整个屏幕   B．能看见的窗口

    C．正在操作的窗口   D．任务栏中的窗口

35. 为保护文件不被修改，可将文件属性设置为（   ）。

    A．只读   B．系统   C．隐含   D．存档

36. 在 Windows XP 中，剪贴板是（   ）。

    A．软盘上的一块区域   B．硬盘上的一块区域

    C．内存中的一块区域   D．CPU 中的一块区域

37. 清空回收站后，被删除的文件、文件夹（   ）。

    A．完全可以恢复   B．部分可以恢复

    C．不可以再恢复   D．桌面上可恢复

38. 不正确的关机，会造成数据丢失和（   ）等不良后果。

    A．系统启动不正常   B．烧坏 CPU

    C．显示器不正常   D．时间显示错误

39. 在"资源管理器"窗口中菜单栏位于窗口的（   ）。

    A．标题栏上方   B．标题栏下方   C．工具栏下方   D．状态栏下方

40. Windows XP 对文件和文件夹的管理工具之一是（   ）。

    A．我的电脑   B．网上邻居

    C．Internet Explorer   D．回收站

41. 在 Windows XP 窗口中，点击末尾带有省略号"…"的菜单意味着（   ）。

    A．将弹出下一级菜单   B．将执行该菜单命令

    C．表明该菜单项已被选中   D．将弹出一个对话框

42. 在 Windows 中，回收站是（   ）。

    A．内存中的一块区域   B．硬盘上的一块区域

    C．U 盘上的一块区域   D．CPU 中的一块区域

43. 当窗口最大化时，窗口不可以（   ）。

    A．移动   B．关闭窗口   C．还原   D．最小化

44. 在 Windows XP 的资源管理器中，删除 U 盘中的文件的操作是将文件（   ）。

    A．放入回收站   B．暂时保存到硬盘中

    C．从 U 盘中清除   D．改名后保存在软盘中

45. Windows 自带的、基本操作与 Word 相似的文字工具是（   ）。

    A．写字板   B．记事本   C．剪贴板   D．画图

46. 广域网和局域网是按照（   ）来分的。

    A．网络使用者   B．信息交换方式

    C．网络连接距离   D．传输控制规程

47. TCP/IP 是（   ）

A. 网络名　　　B. 网络协议　　　C. 网络应用　　　D. 网络系统

48. 连接到网页面的协议是（　　　）。
　　A. HTML　　　B. HTTP　　　C. SMTP　　　D. DNS

49. 在以下 4 种传输介质中，数据传输率最高的是（　　　）。
　　A. 双绞线　　　B. 细缆　　　C. 粗缆　　　D. 光缆

50. 在"资源管理器"窗口中文件夹左侧带"+"号，表示（　　　）。
　　A. 这个文件夹下有子文件夹，且文件夹已展开
　　B. 这个文件夹受密码保护
　　C. 这个文件夹是隐含文件夹
　　D. 这个文件夹下有子文件夹，且文件夹未展开

51. 病毒产生的原因是（　　　）。
　　A. 用户程序有错误　　　　　　　B. 计算机硬件故障
　　C. 电压不正常　　　　　　　　　D. 人为制造

52. 下面几种打印机中，可以打印多层票据的是（　　　）。
　　A. 针式打印机　　　　　　　　　B. 热敏打印机
　　C. 喷墨打印机　　　　　　　　　D. 激光打印机

53. "画图"程序可以用来（　　　）。
　　A. 绘制图形　　　B. 输入动画　　　C. 编辑音乐　　　D. 编辑程序

54. 下列设备组中，完全属于计算机输出设备的一组是（　　　）。
　　A. 打印机、显示器、键盘　　　　B. 打印机、键盘、鼠标器
　　C. 键盘、鼠标器、扫描仪　　　　D. 打印机、绘图仪、显示器

55. 下列文件名中，不合法的文件名是（　　　）。
　　A. My.JPG　　　　　　　　　　B. 987YYT.DOC
　　C. TEXT*.TXT　　　　　　　　　D. YUS.DOC

56. 电子邮箱的地址由（　　　）。
　　A. 用户名和主机域名两部分组成，它们之间用符号@分隔
　　B. 主机域名和用户名两部分组成，它们之间用符号＆分隔
　　C. 主机域名和用户名两部分组成，它们之间用符号. 分隔
　　D. 用户名和主机域名两部分组成，它们之间用符号. 分隔

57. 病毒传染最快的途径是通过（　　　）来传播的。
　　A. U 盘　　　B. 硬盘　　　C. 机器　　　D. 国际互连网络

58. 计算机病毒所造成的危害是（　　　）。
　　A. 使磁盘发霉　　　　　　　　　B. 破坏计算机软件系统和数据
　　C. 使计算机内存芯片损坏　　　　D. 使计算机系统突然掉电

59. 目前使用的防病毒软件的作用（　　　）。
　　A. 查出任何已感染的病毒　　　　B. 查出并清除任何病毒
　　C. 清除已感染的任何病毒　　　　D. 查出已知的病毒，清除部分病毒

60. 双击 Windows XP 桌面上的快捷图标，可以（　　　）。
　　A. 打开相应的应用程序窗口　　　B. 删除该应用程序

C. 在磁盘上保存该应用程序　　　　D. 弹出对应的命令菜单

笔试模拟题 3

（考试时间 60 分钟，闭卷）

一、基本知识与 Windows

1. 计算机不能正常工作时，与以下（　　）无关。
   - A. 硬件配置达不到要求　　　　　B. 软件中含有错误
   - C. 使用者操作不当　　　　　　　D. 环境噪声太大

2. 缺少（　　），计算机就无法工作。
   - A. 汉字系统　　　B. 操作系统　　　C. 编辑程序　　　D. 文字处理系统

3. 显示器的（　　）越高，显示的图像越清晰。
   - A. 对比度　　　B. 亮度　　　C. 对比度和亮度　　D. 分辨率

4. 下面（　　）不是系统软件。
   - A. DOS、UNIX　　　　　　　　B. Windows NT、Windows 95
   - C. Linux　　　　　　　　　　　D. Word、Excel

5. （　　）是中央处理器的简称。
   - A. RAM　　　B. CPU　　　C. 控制器　　　D. 运算器

6. 在计算机内部，传送、存储、加工处理的数据或指令都是以（　　）的形式进行的。
   - A. 五笔字型码　　B. 八进制吗　　C. 二进制码　　D. 拼音简码

7. 用计算机进行语言翻译和语言识别，按计算机应用的分类，它应属于（　　）。
   - A. 科学计算　　　B. 辅助设计　　　C. 人工智能　　　D. 实时控制

8. 个人计算机属于（　　）。
   - A. 小巨型机　　　B. 小型计算机　　C. 微型计算机　　D. 中型计算机

9. 计算机网络最突出的优点是（　　）。
   - A. 精度高　　　B. 运算速度快　　C. 存储容量大　　D. 共享资源

10. 英文字符 E 的 ASCII 码是（　　）。
    - A. 66　　　B. 67　　　C. 68　　　D. 69

11. 计算机能与网络连接需要配置（　　）。
    - A. MODEM　　　B. 网卡　　　C. 电话线　　　D. 解压卡

12. E-mail 的中文含义是（　　）。
    - A. 远程查询　　　B. 文件传输　　　C. 远程登录　　　D. 电子邮件

13. 要浏览网页，必须知道该网页的（　　）。
    - A. E-mail 地址　　　　　　　　B. 电话号码
    - C. 网址　　　　　　　　　　　　D. 邮政编码

14. TCP/IP 是（　　）。
    - A. 网络名　　　B. 网络协议　　　C. 网络应用　　　D. 网络系统

15. 微型计算机必不可少的输入和输出设备是（　　）。
    - A. 键盘和显示器　　　　　　　　B. 键盘和鼠标
    - C. 显示器和打印机　　　　　　　D. 鼠标器和打印机

16. CPU 是由（　　　）组成的。

    A. 内存储器和控制器　　　　　　　　B. 控制器和运算器

    C. 高速缓存和运算器　　　　　　　　D. 运算器、控制器和内存储器

17. 光盘是一种（　　　）。

    A. 内存储器　　　　B. 外存储器　　　C. 中央处理器　　　D. 通信设备

18. 下面设备不属于输入设备的是（　　　）。

    A. 鼠标　　　　　　B. 扫描仪　　　　C. 键盘　　　　　　D. 打印机

19. 目前打印质量最好的打印机是（　　　）。

    A. 激光打印机　　　　　　　　　　　B. 针式打印机

    C. 喷墨打印机　　　　　　　　　　　D. 热敏打印机

20. 能使计算机的运行速度提高的措施是（　　　）。

    A. 加大硬盘容量　　　　　　　　　　B. 提高 CPU 速度

    C. 加大显示器尺寸　　　　　　　　　D. 提高电源容量

21. （　　　）不是预防计算机病毒的有效方法。

    A. 对系统软件加以写保护　　　　　　B. 对计算机网络采取严密的安全措施

    C. 切断一切与外界交换信息的渠道　　D. 不使用来历不明的、未经检测的软件

22. 清除计算机病毒，必须（　　　）。

    A. 把硬盘上的文件全部删除　　　　　B. 格式化硬盘

    C. 使用正版的杀毒软件　　　　　　　D. 修改计算机系统时间

23. 在搜索文件或文件夹时，若用户输入文件名*.*，则将搜索（　　　）。

    A. 所有含有.的文件　　　　　　　　　B. 所有扩展名中含有*的文件

    C. 所有文件　　　　　　　　　　　　D. 只是*.*这个文件而已

24. 　Windows 自带的只能处理纯文本的文字编辑工具是（　　　）。

    A. 写字板　　　　　B. 记事本　　　　C. 剪贴板　　　　　D. Word

25. 如果用户在一段时间（　　　），Windows 将启动执行屏幕保护程序。

    A. 没有按键盘　　　　　　　　　　　B. 没有移动鼠标

    C. 即没有按键盘，也没有移动鼠标　　D. 没有使用打印机

26. 如果某菜单项尾部出现（　　　）标记，则说明该菜单项还有下级子菜单。

    A. …　　　　　　　B. 向右箭头　　　C. 组合键　　　　　D. 括号

27. 剪贴板是（　　　）中的一个区域，用于临时存放数据。

    A. 主存　　　　　　B. 显示存储器　　C. 应用程序　　　　D. 磁盘

28. 在 Windows 窗口操作中，用鼠标拖动（　　　），可以移动整个窗口。

    A. 菜单栏　　　　　B. 标题栏　　　　C. 工作区　　　　　D. 状态栏

29. 在 Windows 中，回收站是（　　　）。

    A. 内存中的一块区域　　　　　　　　B. 硬盘上的一块区域

    C. 软盘上的一块区域　　　　　　　　D. 光盘中的一块区域

30. 在 Windows 下新安装一台打印机，使用前必须为该打印机安装（　　　）才能使用。

    A. 打印纸　　　　　B. 命令　　　　　C. 菜单　　　　　　D. 驱动程序

31. 在 Windows 系统中创建文件时，给文件命名时不允许使用（　　　）。
    A. 尖括号　　　　　B. 下画线　　　　　C. 空格　　　　　D. 汉字
32. 在 Windows 下可直接运行扩展名为（　　　）的文件。
    A. .EXE，.COM，.BAT　　　　　　　　B. .ASC，.PRG
    C. .LIB，.WPS，.BAK　　　　　　　　D. .OBJ，.FOX，.SYS
33. 在选择一个对象后执行"剪切"操作，对象被存放在（　　　）。
    A. 硬盘上　　　　　B. 剪贴板上　　　　　C. 软盘上　　　　　D. 回收站
34. 任务栏中列出的内容是（　　　）。
    A. 正在运行的各个程序名以及打开的窗口名称
    B. 当前活动任务的程序名
    C. 保存于磁盘上的各个文件的文件名
    D. 系统中的各个可执行的程序名
35. 活动窗口指的是（　　　）。
    A. 整个屏幕　　　　　　　　　　　　B. 能看见得窗口
    C. 正在操作的窗口　　　　　　　　　D. 任务栏中的窗口
36. 当窗口最大时，不可以（　　　）。
    A. 移动　　　　　B. 关闭窗口　　　　　C. 还原　　　　　D. 最小化
37. 属性设置为（　　　）的文件不能被修改。
    A. 只读　　　　　B. 系统　　　　　C. 隐含　　　　　D. 存档
38. 以下（　　　）不是窗口内的组成部分。
    A. 标题栏　　　　　B. 菜单栏　　　　　C. 状态栏　　　　　D. 任务栏
39. Windows 的"桌面"指的是（　　　）。
    A. 整个屏幕　　　　B. 全部窗口　　　　C. 某个窗口　　　　D. 活动窗口
40. Windows "桌面"的图标表示 Windows 的一个操作对象，它可以是指（　　　）。
    A. 文档或文件夹　　　　　　　　　　B. 应用程序
    C. 设备或其他的计算机　　　　　　　D. 以上都正确

二、Word 与 Excel 部分

41. 在 Windows 窗口上部的标尺中可以直接设置的格式是（　　　）。
    A. 字体　　　　　B. 分栏　　　　　C. 段落缩进　　　　　D. 字符间距
42. 在 Word 中编辑一个文档，为保证屏幕显示与打印结果相同，视图模式应设置为（　　　）。
    A. 大纲　　　　　B. 普通　　　　　C. 联机　　　　　D. 页面
43. 在 Word 中编辑文档，当（　　　）按钮按下后，所输入的字符便添加了下画线。
    A. B　　　　　B. I　　　　　C. U　　　　　D. A
44. 在 Word 编辑文档时，每个段结束处有一个段落标记，它是通过（　　　）得到的。
    A. 按空格键　　　B. 输入句号　　　C. 按【End】键　　　D. 按【Enter】键
45. Word 中，如果用户选中了一段文字，不小心按了空格键，则这段文字将被一个空格代替，这时可用（　　　）操作还原该段文字。
    A. 替换　　　　　B. 粘贴　　　　　C. 撤销　　　　　D. 恢复
46. 输入文本时，若不指定新自然段的字体、字号，则新自然段会自动使用（　　　）排版。

A. 宋体 5 号字　　　　　　　　　　　B. 开机时的默认格式

C. 仿宋体 3 号字　　　　　　　　　　D. 与上自然段相同

47. 打印预览的显示结果与实际打印效果（　　　）。

A. 有点不同　　　B. 不同　　　C. 有点相同　　　D. 完全相同

48. 在 Word 编辑状态，要设置行间距和字间距需要打开的菜单是（　　　）。

A. "文件"菜单　　　　　　　　　　B. "窗口"菜单

C. "格式"菜单　　　　　　　　　　D. "工具"菜单

49. 在 Word 中可为文档添加页码，页码可以放在文档顶部或底部的（　　　）位置。

A. 左对齐　　　B. 居中　　　C. 右对齐　　　D. 以上都是

50. 编辑排版一个文档，若要知道其打印效果，可选择（　　　）功能。

A. 打印预览　　　B. 模拟打印　　　C. 提前打印　　　D. 屏幕打印

51. 要想在 Word 的窗口中显示某工具栏，应使用的菜单是（　　　）。

A. 工具　　　B. 格式　　　C. 视图　　　D. 窗口

52. Excel 工作表中，（　　　）是单元格的混合引用。

A. B10　　　B. $B$10　　　C. B$10　　　D. 以上都不是

53. Excel 中，数据清单中的每一列称为（　　　）。

A. 记录　　　B. 列数据　　　C. 字段　　　D. 一栏

54. Excel 中，函数（　　　）计算选定的单元格区域内数值的最大值。

A. SUM　　　B. COUNT　　　C. AVERAGE　　　D. MAX

55. Excel 单元格中的内容还会在（　　　）上显示。

A. 编辑栏　　　B. 标题栏　　　C. 工具栏　　　D. 菜单栏

56. 在 Excel 中，（　　　）函数是计算工作表一串数据的总和。

A. SUM　　　B. AVERAGE　　　C. MIN　　　D. COUNT

57. 在 Excel 中，分类汇总时对（　　　）的数据清单按某一关键字对相同记录值的数据进行汇总。

A. 已经排好序　　　　　　　　　　B. 没有排序

C. 进行了筛选　　　　　　　　　　D. 进行了合并计算

58. 在 Excel 中，选择一些不连续的单元格时，可在选定一个单元格后，按住（　　　）键，再依次点击其他单元格。

A. 【Ctrl】　　　B. 【Shift】　　　C. 【Alt】　　　D. 【Enter】

59. Excel 工作簿中既有工作表又有图表，当执行"文件"→"保存"命令时，则（　　　）。

A. 只保存工作表文件

B. 只保存图表文件

C. 将工作表和图表作为一个文件来保存

D. 分成两个文件来保存

60. 在 Excel 中，单元格地址是指（　　　）。

A. 每个单元格　　　　　　　　　　B. 每个单元格的大小

C. 单元格所在的工作表　　　　　　D. 单元格在工作表中的位置

笔试模拟题 4

（考试时间 60 分钟，闭卷）

一、基本知识与 Windows

1. 电子计算机与其他传统机器的根本区别是（　　）。
   A. 计算机由软件控制其工作　　　　B. 计算机运算速度
   C. 计算机具有多媒体功能　　　　　D. 计算机具有存储器

2. 世界上第一台电子计算机诞生于（　　）。
   A. 20 世纪 40 年代　　　　　　B. 20 世纪 50 年代
   C. 20 世纪 60 年代　　　　　　D. 20 世纪 70 年代

3. 个人计算机属于（　　）。
   A. 微型机　　B. 中型机　　　　C. 大型机　　　　D. 巨型机

4. 计算机的主要功能是（　　）。
   A. 能存储信息　　　　　　　　B. 能进行数学运算
   C. 协助人的脑力劳动　　　　　D. 协助人的体力劳动

5. 在计算机内采用二进制的原因是（　　）。
   A. 符合人的习惯　　　　　　　B. 与电路要求相匹配
   C. 方便人们书写　　　　　　　D. 方便进行字符编码

6. 计算机系统只有硬件而没有软件（　　）。
   A. 完全不能工作　　　　　　　B. 部分不能工作
   C. 完全可以工作　　　　　　　D. 部分可以工作

7. 通常所说的计算机速度，指的是（　　）。
   A. 内存的存取速度　　　　　　B. 硬盘的存取速度
   C. CPU 的运算速度　　　　　　D. 显示器的显示速度

8. 计算机系统软件的主要功能是（　　）。
   A. 对生产过程中大量的数据进行运算
   B. 管理和应用计算机系统资源
   C. 模拟人脑进行思维、学习
   D. 帮助工程师进行工程设计

9. 防范病毒的最佳方法是（　　）。
   A. 定期使用查杀病毒软件　　　B. 定期将硬盘格式化
   C. 定期将软盘格式化　　　　　D. 定期删除可疑文件

10. 计算机病毒的危害性是（　　）。
    A. 使磁盘发生霉变　　　　　　B. 破坏计算机的软件系统或文件的内容
    C. 破坏计算机的键盘　　　　　D. 使计算机突然断电

11. 对于磁盘，（　　）的说法是正确的。
    A. 硬盘的容量比软盘的容量大得多　B. 磁盘可以存放在任何地方
    C. 空气潮湿对磁盘的影响不是很大　D. 磁盘可以在很高温度的环境下工作

12. 计算机病毒产生的原因是（　　）。

A. 生物病毒传染   B. 人为因素

C. 电磁干扰   D. 硬件性能变化

13. 磁盘格式化后，盘上的数据（　　　）。

     A. 全部消失   B. 完全不消失

     C. 少量消失   D. 大部分消失

14. 已知英文字符 A 的 ASCII 码是 65，字符 E 的 ASCII 码是（　　　）。

     A. 66   B. 67   C. 68   D. 69

15. 以下二进制数的运算，（　　　）是不正确的。

     A. 1+1=10   B. 1+1=2   C. 1−1=0   D. 10−1=1

16. 多媒体技术的基本特征是（　　　）。

     A. 有处理文字、声音、图像的能力   B. 使用光盘驱动器作为主要工具

     C. 使用显示器作为主要工具   D. 有处理文稿的能力

17. 用计算机来播放 CD 唱片，不可缺少（　　　）。

     A. 软盘驱动器   B. 扫描仪

     C. 键盘   D. 光盘驱动器

18. 计算机连成网络的最重要优势是（　　　）。

     A. 提高计算机运行速度   B. 可以打网络电话

     C. 提高计算机存储容量   D. 实现信息资源共享

19. 关于电子邮件，以下（　　　）是错误的。

     A. 电子邮件可以传递文字、图像和声音

     B. 电子邮件传递速度很快

     C. 电子邮件可以寄送实物

     D. 电子邮件可以随时发送

20. 下列（　　　）的电子邮件地址是正确的。

     A. zhan.gxu.edu−cn   B. zhan.gxu.edu@cn

     C. zhan−gxu.edu.cn   D. zhan@gxu.edu.cn

21. 在电子邮件中，下列（　　　）是必须填写的。

     A. 收件人   B. 抄送   C. 密件抄送   D. 主题

22. Windows 是一种（　　　）。

     A. 财务应用软件   B. 文字处理软件

     C. 操作系统软件   D. 杀除病毒软件

23. 不能在"任务栏"内进行操作的是（　　　）。

     A. 设置系统日期和时间   B. 排列桌面图标

     C. 排列和切换窗口   D. 启动"开始"菜单

24. "任务栏"上显示的图标表示（　　　）。

     A. 正在运行的程序   B. 硬盘中的程序

     C. 软盘中的程序   D. 光盘中的程序

25. 以下（　　　）不是窗口的组成部分。

     A. 标题栏   B. 菜单栏   C. 任务栏   D. 工具栏

26. 当某个应用程序窗口被最小化后，该程序将（　　）。

    A. 被中止执行　　　B. 被删除　　　C. 在后台执行　　　D. 被关闭

27. 要改变窗口里的显示方式，可以使用工具栏上的（　　）选项。

    A. 撤销　　　　　　B. 属性　　　　　C. 后退　　　　　　D. 查看

28. 资源管理器可用来（　　）。

    A. 查看文件夹的内容　　　　　　B. 浏览网页

    C. 收发电子邮件　　　　　　　　D. 恢复被删除的文件

29. 在资源管管理器中，双击某个文件夹图标，将（　　）。

    A. 删除该文件夹　　　　　　　　B. 显示该文件夹内容

    C. 删除该文件夹文件　　　　　　D. 复制该文件夹文件

30. 资源管理器的文件夹或文件的显示方法有几种，（　　）不属于它的显示方式。

    A. 大图标　　　　　B. 列表　　　　　C. 详细资料　　　D. 普通

31. 关闭运行程序的窗口就是（　　）。

    A. 使该程序的运行转入后台工作

    B. 暂时中断该程序的运行，随时可能恢复

    C. 结束该程序的运行

    D. 该程序的运行仍然继续，不受影响

32. 在 Windows 的文件夹中，可以存放（　　）。

    A. 文件和文件夹　　　　　　　　B. 窗口

    C. 菜单　　　　　　　　　　　　D. 对话框

33. 菜单中呈灰色选项，表示（　　）。

    A. 该选项不能执行　　　　　　　B. 该选项可以执行

    C. 该选项正在执行　　　　　　　D. 该选项已被删除

34. 当鼠标指针为沙漏状时，表明（　　）。

    A. 没有执行任何任务

    B. 正执行一项任务，可以执行其他任务

    C. 正执行一项任务，不可能的执行其他任务

    D. 正等待执行任务

35. Windows 系统下，正确的关机方法是（　　）。

    A. 按下主机面板上的【Reset】键　　B. 关闭主机电源

    C. 单击"开始"→"关闭"按钮　　　　D. 关闭显示器电源

36. 以下对剪贴板的描述中，不正确的是（　　）。

    A. 计算机关闭后，剪贴板内的信息将会消失

    B. 剪贴板是在内存中开辟的存储空间

    C. 剪贴板的容量是不能调整的

    D. 计算机开机后，剪贴板内即有信息存在

37. 对话框的作用是（　　）。

    A. 提供警告信息　　　　　　　　B. 输入参数的环境

    C. 撤销识操作　　　　　　　　　D. 查找替换字符

38. 如果不小心删除了桌面上某个应用程序的快捷图标，那么（　　）。
    A. 该应用程序再也不能运行
    B. 再也找不回应用程序的图标
    C. 还能重新建立该应用程序的快捷方式
    D. 该应用程序同时也被删除

39. 控制面板用来（　　）。
    A. 调整窗口　　　　　　　　　　B. 管理应用程序
    C. 设置高级语言　　　　　　　　D. 设置系统配置

40. 记事本是用于编辑（　　）文本的实用程序。
    A. 纯文本　　　　B. 图形　　　　C. 电子表格　　　D. 数据库

二、Word 与 Excel 部分

41. Word 2003 的运行环境是（　　）。
    A. Windows　　　B. WPS　　　　C. DOS　　　　　D. 高级语言

42. 打开 Word 文档是指（　　）。
    A. 把该文档图标打开
    B. 为指定文档新开设一空白文档窗口
    C. 把文档从外存中调入内存
    D. 把该文档窗口变成当前窗口

43. 在 Word 编辑文档时，每个段落结束处有一个段落标记，它是通过（　　）得到的。
    A. 按空格键　　　　　　　　　　B. 按【Enter】键
    C. 按【End】键　　　　　　　　D. 输入句号

44. 在 Word 中编辑一个文档，为保证屏幕显示与打印结果相同，视图模式应设置在（　　）。
    A. 大纲　　　　　B. 普通　　　　C. 联机　　　　　D. 页面

45. 在 Word 中编辑文档，当（　　）按钮按下时，所输入的字符为字体加粗。
    A. B　　　　　　B. I　　　　　　C. U　　　　　　D. A

46. 在 Word 中，下面（　　）说法是错误的。
    A. 打印预览是文档的显示方法之一
    B. 打印预览的效果与打印的结果相同
    C. 可以对多页文档进行同时打印预览
    D. 打印预览时不可以对文档进行编辑

47. 一般地，输入文档之前，应先进行（　　）。
    A. 打印预览　　　B. 页面设置　　C. 保存文件　　　D. 打印文档

48. 在 Word 中编辑文档，对于误操作（　　）。
    A. 只能撤销最后一次对文档的操作　　B. 可以撤销用户的多次操作
    C. 不能撤销　　　　　　　　　　　　D. 可以撤销所有的误操作

49. 能插入到 Word 文档中的图形文件（　　）。
    A. 只能是在 Word 中形成的
    B. 只能是在"画图"程序中形成的
    C. 只能是在"照片编辑器"程序中形成的

D. 可以是 Windows 支持的多种格式

50. 在 Word 中编辑一个文档，要将该文档换名存盘，应当执行的菜单命令是（　　）。

A. 保存　　　　　B. 另存为　　　　　C. 新建　　　　　D. 打开

51. 若要把文档中已经选取的一段内容移到其他位置，应先执行（　　）操作.

A. 剪切　　　　　B. 复制　　　　　C. 新建　　　　　D. 打开

52. Excel 是一种用于（　　）的工具。

A. 画图　　　　　B. 上网　　　　　C. 放幻灯片　　　　　D. 绘制电子表格

53. Excel 中电子表格存储数据的最小单位是（　　）。

A. 工作表　　　　　B. 工作簿　　　　　C. 单元格　　　　　D. 工作区域

54. 在 Excel 中，单元格地址是指（　　）。

A. 每个单元格　　　　　　　　　B. 每个单元格的大小

C. 单元格所在的工作表　　　　　D. 单元格在工作表中的位置

55. Excel 中，A4:F8 表示（　　）。

A. A 列第 4 行单元格和 F 列第 8 行的两个单元格

B. 从 A4 开始拖至 F8 所形成区域的单元格

C. A4 单元格所在的列和 F8 单元格所在的列

D. 从 A4 单元格所在的列至 F8 单元格所在的列

56. 公式栏中显示的是（　　）。

A. 删除的数据　　　　　　　　　B. 当前单元格的数据

C. 被复制的数据　　　　　　　　D. 单元格的位置

57. 在 Excel 中，选择一些不连续的单元格时，可在选定一个单元格后，按住（　　）键，再依次点击其他单元格。

A.【Ctrl】　　　　　　　　　　B.【Shift】

C.【Alt】　　　　　　　　　　　D.【Enter】

58. Excel 工作簿中既有一般工作表又有图表，当执行"保存"命令时，则（　　）。

A. 只保存其中的工作表　　　　　B. 只保存其中的图片

C. 工作表和图表保存到同一文件中　　D. 工作表和图表保存到不同的两个文件中

59. 公式 COUNT(C3:E3)的含义是（　　）。

A. 计算区域 C2:E3 内数值的和　　　B. 计算区域 C2:E3 内数值个数

C. 计算区域 C2:E3 内字符个数　　　D. 计算区域 C2:E3 内数值为 0 的个数

60. 在 Excel 中，需要返回一组参数的最大值，则应该使用函数（　　）。

A. MAX　　　　　　　　　　　　B. LOOKUP

C. HLOOKUP　　　　　　　　　　D. SUM

笔试模拟题 5

（考试时间 60 分钟，闭卷）

一、基本知识与 Windows

1. 计算机目前已经发展到（　　）阶段。

A. 晶体管计算机

B. 集成电路计算机

C. 大规模和超大规模集成电路计算机

D. 人工智能计算机

2. 用计算机进行语言翻译和语音识别，按计算机应用的分类，它应属于（　　）。

    A. 科学计算　　　　　B. 辅助设计　　　　　C. 人工智能　　　　　D. 生产控制

3. 我们通常说的"裸机"指的是（　　）。

    A. 只装备有操作系统的计算机　　　　　B. 未装备任何软件的计算机

    C. 不带输入/输出的计算机　　　　　D. 计算机主机暴露在外

4. 计算机硬件结构主要包括（　　）。

    A. CPU、存储器、输入/输出设备

    B. CPU、运算器、控制器

    C. 存储器、输入/输出设备、系统总线

    D. CPU、控制器、输入/输出设备

5. 在资源管理器中文件夹左侧带"–"表示这个文件夹（　　）。

    A. 有下级文件夹且已经展开　　　　　B. 受密码保护

    C. 是隐含文件夹　　　　　D. 信息错误

6. 在对话框中单击"确定"按钮则（　　）。

    A. 恢复到上一次设置状态　　　　　B. 不执行设置

    C. 执行设置，关闭对话框　　　　　D. 开启新对话框

7. 既可作为输入设备又可作为输出设备的是（　　）。

    A. 显示器　　　　　B. 磁盘驱动器　　　　　C. 键盘　　　　　D. 图形扫描仪

8. Windows XP 支持长文件名，一个文件名最多可达（　　）个字符。

    A. 8　　　　　B. 64　　　　　C. 128　　　　　D. 255

9. 下列文件名中，（　　）是非法的 Windows XP 文件名。

    A. This is my file　　　　　B. 关于改进服务的报名

    C. 帮助*信息*　　　　　D. student. dbf

10. Windows XP 的目录结构采用的是（　　）。

    A. 树形结构　　　　　B. 线形结构　　　　　C. 层次结构　　　　　D. 网状结构

11. I/O 设备是指（　　）。

    A. 控制设备　　　　　B. 网络设备　　　　　C. 通信设备　　　　　D. 输入输出设备

12. 在"资源管理器"窗口中，双击某个文件夹图标，将（　　）。

    A. 删除该文件夹　　　　　B. 显示该文件夹内容

    C. 删除该文件夹文件　　　　　D. 复制该文件夹文件

13. 把硬盘上的数据传送到计算机的内存中去，称为（　　）。

    A. 打印　　　　　B. 写盘　　　　　C. 输出　　　　　D. 读盘

14. Windows 中，对文件和文件夹的管理是通过（　　）来实现的。

    A. 对话框　　　　　B. 剪切板

    C. "资源管理器"或"我的电脑"窗口　　　　　D. 控制面板

15. 在表示存储器的容量时，1 MB 的准确含义是（　　）。

A. 1 024 KB　　　B. 1 024 B　　　C. 1 000 KB　　　D. 1 000 B

16. 计算机的软件系统一般分为（　　　）两大部分。

A. 系统软件和应用软件　　　　　B. 操作系统和计算机语言

C. 程序和数据　　　　　　　　　D. DOS 和 Windows

17. 计算机内部采用的数制是（　　　）。

A. 十进制　　　B. 二进制　　　C. 八进制　　　D. 十六进制

18. 在 Windows 中，窗口最大化后不能进行的操作是（　　　）。

A. 恢复　　　B. 最小化　　　C. 移动　　　D. 关闭

19. 关于电子计算机的特点，以下叙述错误的是（　　　）。

A. 运算速度快　　　　　　　　　B. 运算精度高

C. 具有记忆和逻辑判断能力　　　D. 运行过程不能自动、连续，需人工干预

20. Windows XP 中可以在"显示 属性"对话框的（　　　）选项卡中设置屏幕分辨率。

A. 主题　　　B. 桌面　　　C. 外观　　　D. 设置

21. 不属于"开始"菜单中的项目的是（　　　）。

A. 关闭计算机　　　B. 时间　　　C. 运行　　　D. 搜索

22. Windows XP 中剪贴板是（　　　）中的一个临时存储区。

A. 内存　　　B. 显示器　　　C. 任务栏　　　D. 硬盘

23. 利用 Windows XP 的记事本可以编辑（　　　）。

A. 汉字、图表、英文　　　　　　B. 数字、图形、汉字

C. 图形、图表、汉字　　　　　　D. 英文、汉字、数字

24. 在对话框中单击"应用"按钮则（　　　）。

A. 恢复到上一次设置状态　　　　B. 关闭对话框

C. 执行设置，不关闭对话框　　　D. 开启新对话框

25. 要删除文件夹，在选定后可以按（　　　）键。

A.【Ctrl】　　　B.【Delete】　　　C.【Insert】　　　D.【Home】

26. 下列各组设备中，全都属于输入设备的一组是（　　　）。

A. 键盘、磁盘和打印机　　　　　B. 键盘、鼠标器和显示器

C. 键盘、扫描仪和鼠标器　　　　D. 硬盘、打印机和键盘

27. 要查找 winary.txt，winary.doc 和 winsy.doc 这 3 个文件，可输入（　　　）。

A. win7.?　　　B. win*.*　　　C. win7.*　　　D. win*.?

28. 断电不会使存储数据丢失的存储器是（　　　）。

A. 缓存　　　B. 硬盘　　　C. RAM　　　D. CPU

29. 清除计算机病毒的有效方法是（　　　）。

A. 高温消毒磁盘　　　　　　　　B. 请卫生防疫部门来处理

C. 拆卸内存，更换新的　　　　　D. 利用相关软件清除

30. 关于电子邮件，下列说法中错误的是（　　　）。

A. 发送电子邮件需要 E-mail 软件支持

B. 发件人必须有自己的 E-mail 地址

C. 收件人必须有自己的邮政编码

  D. 必须知道收件人的 E-mail 地址

31. 根据地理覆盖范围，计算机网络可分成（ ）。

  A. 专用网和公用网   B. 局域网、城域网和广域网

  C. Internet 和 Intranet   D. 校园网和企业网

32. 下列传输介质中，带宽最大的是（ ）。

  A. 双绞线   B. 同轴电缆   C. 光缆   D. 电话线

33. http 是一种（ ）。

  A. 网址   B. 超文本传输协议

  C. 程序设计语言   D. 域名

34. 多媒体计算机是指（ ）。

  A. 具有多种外围设备的计算机   B. 能与多种电器连接的计算机

  C. 能处理多种媒体的计算机   D. 借助多种媒体操作的计算机

35. 计算机网络系统中每台计算机都是（ ）。

  A. 相互控制的   B. 相互制约的

  C. 各自独立的   D. 毫无联系的

36. 计算机病毒主要造成（ ）的损坏。

  A. 光盘   B. 磁盘驱动器   C. 硬盘   D. 程序和数据

37. 计算机网络最突出的功能是（ ）。

  A. 精度高   B. 运算速度快

  C. 存储容量大   D. 共享信息资源

38. 分布在一座大楼或一个集中建筑群中的网络可称为（ ）。

  A. 局域网   B. 城域网   C. 公用网   D. 广域网

39. 网络中计算机之间是通过双方必须遵守的（ ）实现通信。

  A. 网卡   B. 通信协议

  C. 磁盘   D. 电话交换设备

40. 剪贴板的一个重要作用是（ ）。

  A. 保存数据   B. 撤离数据

  C. 数据显示   D. 数据交换

二、Word 与 Excel 部分

41. Word 窗口中打开文档 ABC，修改后另存为 ABD，则文档（ ）。

  A. ABC 是当前文档   B. ABD 是当前文档

  C. ABC 和 ABD 是当前文档   D. ABC 和 ABD 均不是当前文档

42. 在 Word 操作过程中，如果鼠标位置变成了闪动的"I"形，则表示（ ）。

  A. 系统正忙   B. 可以改变窗口位置

  C. 可以改变窗口大小   D. 在光标位置可以输入文本

43. 下面说法正确的是（ ）。

  A. Word 只能将文档保存成 Word 格式

  B. Word 文档只能有文字，不能加入图片

  C. Word 不能实现"所见即所得"的排版

    D. Word 能打开多种格式的文档

44. Word 中用黑色输入了一些文字后，改设置字体为红色，则（   ）。

    A. 原来输入的内容都变成了红色

    B. 以后输入的内容为红色

    C. 第一行保持黑色，第二行全为红色

    D. 只有待选中后才有可能变为红色

45. Word 文档文字有红色波浪下画线表示（   ）。

    A. 已修改过的文档   B. 对输入的确认

    C. 可能是拼写错误   D. 可能是计算错误

46. 关于 Word 分栏的说法中正确的是（   ）。

    A. 最多可设 2 栏   B. 各栏的间距必须是固定的

    C. 各栏宽度必须相等   D. 各栏的宽度可以不同

47. Word 默认的中文字体是（   ）。

    A. 宋体   B. 仿宋体   C. 楷体   D. 黑体

48. 要使保存的 Word 文件不被他人查看，可以在"工具"→"选项"→"安全性"中设置（   ）。

    A. 修改权限口令   B. 以只读方式打开

    C. 打开文件的密码   D. 快速保存

49. 拖动 Word 文档图片的 8 个控制点可以（   ）。

    A. 给图片加特效   B. 改变图片亮度

    C. 改变图片颜色   D. 改变图片的显示大小

50. 在 Word 中，可以同时显示水平和垂直标尺的视图是（   ）视图。

    A. 页面   B. 大纲

    C. 联机版式   D. 普通

51. Excel 默认情况下一个工作簿中有（   ）个工作表。

    A. 4   B. 3   C. 2   D. 任意多个

52. Excel 单元格中的内容还会在（   ）显示。

    A. 编辑栏   B. 标题栏   C. 工具栏   D. 菜单栏

53. 工作表的单元格在执行某些操作之后，显示一串#符号，说明单元格（   ）。

    A. 公式有错，无法计算

    B. 数据已经因操作失误而丢失

    C. 显示宽度不够，只要调整宽度即可

    D. 格式与类型不匹配，无法显示

54. Excel 正确表示区域的方法是（   ）。

    A. Al#B4   B. A1..D4   C. A1:D4   D. Al>D4

55. Excel 工作表中，（   ）是单元格的混合引用。

    A. B10   B. \$B\$10   C. B\$10   D. \$B\$8

56. 在 Excel 中，选定一个单元格后按【Del】键，将被删除的是（   ）。

    A. 单元格   B. 单元格中的内容

C. 单元格中的内容及其格式　　　　D. 单元格所在的行

57. Excel 的"关闭"命令在（　　　）菜单下。

A. 文件　　　　B. 编辑　　　　C. 工具　　　　D. 格式

58. Excel 中，数据清单中的每一列称为（　　　）。

A. 记录　　　　B. 列数据　　　　C. 字段　　　　D. 一栏

59. 在 Excel 中，（　　　）函数是计算工作表一组数据的总和。

A. SUM　　　　B. AVERAGE　　　　C. MIN　　　　D. COUNT

60. （　　　）是 Excel 的 3 个重要概念。

A. 行、列和单元格　　　　　　　　B. 工作簿、工作表和单元格

C. 表格、工作表和工作簿　　　　　D. 桌面、文件夹和文件

参 考 答 案

笔试模拟 1

1. B	2. C	3. D	4. A	5. D	6. C	7. B	8. A	9. B
10. D	11. C	12. C	13. C	14. D	15. B	16. C	17. B	18. C
19. A	20. A	21. B	22. C	23. C	24. C	25. B	26. D	27. A
28. B	29. D	30. B	31. C	32. C	33. A	34. A	35. B	36. D
37. A	38. B	39. C	40. C	41. B	42. C	43. C	44. D	45. A
46. C	47. D	48. C	49. C	50. C	51. C	52. A	53. A	54. C
55. B	56. C	57. B	58. D	59. C	60. B			

笔试模拟 2

1. A	2. B	3. A	4. C	5. B	6. B	7. A	8. A	9. D
10. A	11. A	12. B	13. C	14. C	15. B	16. A	17. A	18. B
19. B	20. B	21. B	22. C	23. C	24. C	25. B	26. D	27. B
28. B	29. C	30. A	31. C	32. A	33. B	34. C	35. A	36. C
37. C	38. A	39. B	40. A	41. B	42. B	43. A	44. C	45. A
46. C	47. B	48. B	49. C	50. C	51. B	52. A	53. A	54. D
55. C	56. A	57. B	58. C	59. B	60. A			

笔试模拟 3

1. D	2. B	3. D	4. D	5. B	6. C	7. C	8. C	9. D
10. D	11. B	12. D	13. D	14. B	15. A	16. B	17. B	18. D
19. A	20. B	21. C	22. C	23. C	24. C	25. C	26. B	27. A
28. B	29. B	30. D	31. B	32. C	33. D	34. A	35. B	36. C
37. A	38. D	39. A	40. D	41. C	42. C	43. D	44. D	45. C
46. D	47. C	48. C	49. D	50. C	51. C	52. C	53. C	54. D
55. A	56. A	57. A	58. A	59. C	60. D			

笔试模拟 4

1. A	2. A	3. A	4. C	5. B	6. A	7. C	8. B	9. A

10. B	11. A	12. B	13. A	14. D	15. B	16. A	17. D	18. D
19. C	20. D	21. A	22. C	23. B	24. A	25. C	26. C	27. D
28. A	29. B	30. D	31. C	32. A	33. A	34. C	35. C	36. D
37. B	38. C	39. D	40. A	41. A	42. C	43. B	44. D	45. A
46. A	47. B	48. B	49. D	50. B	51. A	52. C	53. C	54. D
55. B	56. B	57. A	58. C	59. B	60. A			

笔试模拟 5

1. C	2. C	3. B	4. A	5. A	6. C	7. B	8. D	9. C
10. A	11. D	12. B	13. D	14. C	15. A	16. A	17. B	18. C
19. D	20. D	21. B	22. A	23. D	24. C	25. B	26. C	27. B
28. B	29. D	30. C	31. B	32. A	33. B	34. A	35. C	36. D
37. D	38. A	39. B	40. D	41. B	42. D	43. C	44. B	45. C
46. D	47. A	48. C	49. D	50. A	51. C	52. C	53. C	54. C
55. C	56. B	57. A	58. C	59. A	60. B			

实 训 部 分

计算机基础操作考试练习题

考生注意： ① 试题中的 K□是考生取自己完整学号在前加 K 建立的文件夹。

② 准备工作一定要先做好才能做以后的题目。

一、准备工作

1. 打开"我的电脑"或"资源管理器"窗口。

2. 在 E:盘建立一个保存考试内容文件夹，并命名为 K□。

3. 把 C:\练习\ks1 文件夹中所有文件复制到 K□文件夹。

4. 用资源管理器的"查看"菜单更改设置，使查看时能显示隐藏的文件名和系统已知类型的扩展名。

二、Windows 部分

1. 在 K□文件夹中建立两个文件夹 E1 和 E2。

2. 将 K□文件夹中所有以 f 开头的文件复制到 E1 文件夹，将 K□文件夹中所有扩展名为 bak 的文件复制到 E2 文件夹，将所有扩展名为 jpg 的文件移到 E2 文件夹。

3. 删除 E2 文件夹中的 eny.jpg 文件。

4. 将 E1 文件夹中的 fx2.txt 文件的属性改为"只读"。

5. 将 E2 文件夹中的 xet.bak 文件改名为 bky.txt。

三、Word 部分

1. 打开 K□文件夹中的 EX1.doc 文档，以 EA1.doc 为名另存到 K□文件夹。

2. 在文档末尾另起一段，输入下列文字：

在回信中指出，各级领导干部都应该大力弘扬党的优良作风，坚持为民、务实、清廉。国家领导人亲笔签名回复群众来信，树起的不仅仅是党和国家领导人开明务实亲民的良好形象，更关键的是坚定了为实现中华民族伟大复兴而不断前行的国人的不懈动力。

3. 在第二段后插入 K□文件夹中的 EA1.bmp 图片，将图片大小设为长 3 cm，宽 2 cm，"四周型环绕"方式。

4. 在文章末尾插入 K□文件夹中的 EX2.doc 文件。

5. 把文章标题设置为"黑体、红色、三号、加粗"，文章正文设置为"仿宋，四号字"。

6. 设置页面格式为 16 开，上下左右页边距保留 2 cm，保存修改后的文档，退出 Word。

四、Excel 部分

1. 打开 K□文件夹中的 EXB.xls 文件，另存到 K□文件夹中，命名为 EB1.xls。

2. 在表格后面增加一列"平均分"，用函数计算每位同学的平均分。

3. 在表格后面增加一行，合并"学号"、"姓名"两个单元格，并写下合计，统计各科总分。

4. 利用条件格式将低于 60 分的分数用红色显示。

5. 设置表格中数据部分居中。

6. 以"姓名"和"市场营销"两列数据建立一个柱形图，放在表格的下方。

7. 给表格加所有框线，将完成的表格保存并退出 Excel。

五、Internet 部分

打开 C:\练习\net\e-news1.mht 网页，将该网页保存到 K□文件夹中；将该网页主题新闻的文本以 E01.txt 为名另存到 K□文件夹中；将该网页主题新闻的第一张图片以 E01.bmp 为名另存到 K□文件夹中。

上机模拟题

《计算机实用基础》统考机考模拟题（1）

（开卷考试，时间：50 分钟）

考生注意： ① 试题中的 K□是考生取自己完整学号在前加 K 建立的文件夹。

② 准备工作一定要先做好才能做以后的题目。

一、准备工作（共 10 分）

1. 打开"我的电脑"或"资源管理器"窗口。

2. E：盘建立一个保存考试内容文件夹，并命名为 K□。（4 分）

3. 把 C:\练习\ks2 文件夹中所有的文件复制到 K□文件夹。（6 分）

二、Windows 部分（共 20 分）

1. 在 K□文件夹中建立两个文件夹 E1 和 E2。（6 分）

2. K□文件夹中所有以 f 开头的文件复制到 E1 文件夹，将所有文件扩展名为.bak 的文件移到 E2 文件夹。（8 分）

3. 把 E1 文件夹中的 fry.txt 文件的属性改为"只读"。（3 分）

4. 把 E2 文件夹中的 zxe.bak 文件改名为 Bky.txt。（3 分）

三、Word 部分（共 30 分）

1. 打开 K□文件夹中的 ES1.doc 文档，以 EB1.doc 为名另存到 K□文件夹。（4 分）

2. 文档末尾另起一段，输入下列文字:（15 分）

在大型客机多项关键技术攻关中，形成了以中国商飞上海飞机设计研究院为中心，联合清华、北航、中国航天空气动力研究院等国内几十家高校、科研院所的攻关模式，形成了聚全国之力、集全国之智，产学研相结合的创新机制。

3. 在第三段后插入 K□文件夹中的 EB1.bmp 图片，设置格式为"四周型环绕"方式。（5分）

4. 把文章标题设置为"黑体、三号、加粗"，保存修改后的文档，退出 Word。（6分）

四、Excel 部分（共30分）

1. 打开 K□文件夹中的 EB.xls 文件，另存到 K□文件夹中，命名为 EB1.xls。（4分）

2. 在表格后面增加一列"平均分"，用函数计算每位同学的平均分。（10分）

3. 以"姓名"和"电路基础"两列数据建立一个柱形图表，放在表格的下方。（10分）

4. 给表格加所有框线，将完成的表格保存并退出 Excel。（6分）

五、Internet 部分（共10分）

打开 C:\练习\net\news2.mht 网页，将该网页主题新闻的文本以 E02.txt 为名另存到 K□文件夹中（5分），将该网页主题新闻的第一张图片以 E02.bmp 为名另存到 K□文件夹中。（5分）

《计算机实用基础》统考机考模拟题（2）

（开卷考试，时间：50分钟）

考生注意：① 试题中的 K□是考生取自己完整学号在前加 K 建立的文件夹。

② 准备工作一定要先做好才能做以后的题目。

一、准备工作（共10分）

1. 打开"我的电脑"或"资源管理器"窗口。

2. 在 E:盘建立一个保存考试内容文件夹，并命名为 K□。（4分）

3. 把 C:\练习\ks3 文件夹中所有的文件复制到 K□文件夹。（6分）

二、Windows 部分（共20分）

1. 在 K□文件夹中建立两个文件夹 E1 和 E2。（6分）

2. 将 K□文件夹中所有扩展名为 bak 的文件复制到 E1 文件夹，将所有文件扩展名为.jpg 的文件移到 E2 文件夹。（8分）

3. 删除 E2 文件夹中的 rtn.jpg 文件。（3分）

4. 将 E1 文件夹中的 xc.bak 文件改名为 gb.txt。（3分）

三、Word 部分（共30分）

1. 在 K□文件夹中建立一个 Word 空文档，另存为 EA2.doc。（4分）

2. 在文档开头输入下列文字：（15分）

本科生就业不易 职专生早被"抢光"

今年是大学毕业生最多的一年，为了寻求一份较为稳定的工作，不少本科毕业生都开始自降身价。记者从鞍山市职教城就业处了解到，尽管距离毕业还有两个月的时间，职教城内几所职业技术院校的毕业生都已经找到工作，就业率达到100%。

3. 在文章末尾插入 K□文件夹中的 EX2.doc 文件，将文章图片设为"四周型环绕"方式。（5分）

4. 把文章标题设置为"隶书、三号、加粗"，保存修改后的文档，退出 Word。（6分）

四、Excel 部分（共30分）

1. 打开 K□文件夹中的 EXA.xls 文件，另存到 K□文件夹中，命名为 EA1.xls。（4分）

2. 在表格后面增加一行，在 A 列中写上"平均值"，用函数计算每类消费品的平均值。（10 分）

3. 以"公司"和"空调"两列数据建立一个柱形图，放在表格的下方。（10 分）

4. 给表格加所有框线，将完成的表格保存并退出 Excel。（6 分）

五、Internet 部分（共 10 分）

打开 C:\练习\net\e-news2.mht 网页，将该网页主题新闻的文本以 E02.txt 为名另存到 K□文件夹中（5 分），将该网页主题新闻的第一张图片以 E02.bmp 为名另存到 K□文件夹中。（5 分）

《计算机实用基础》统考机考模拟题（3）

（开卷考试，时间：50 分钟）

考生注意： ① 试题中的 F□和 G□是考生取自己完整学号的后 7 位，在前加 F 或 G 建立的文件夹。

② 准备工作一定要先做好才能做以后的题目。

一、准备工作（共 10 分）

1. 开机进入 Windows 桌面。

2. 在 E:盘建立一个考试文件夹，并命名为 F□。（3 分）

3. 在 E:盘建立一个保存考试内容的文件夹，并命名为 G□。（3 分）

4. 把 C:\练习\ks4 文件夹中所有的文件复制到 F□文件夹。（4 分）

二、Windows 部分（共 20 分）

1. 在 G□文件夹中建立两个文件夹 A1 和 A2。（6 分）

2. 将 F□文件夹中所有扩展名为.txt 的文件复制到 A1 文件夹，将所有文件扩展名为.bak 的文件移到 A2 文件夹。（8 分）

3. 删除 A2 文件夹中的 Ert.bak 文件。（3 分）

4. 将 A1 文件夹中的 Esa.bak 文件改名为 Aksa.bak。（3 分）

三、Word 部分（共 30 分）

打开 F□文件夹中的 ka.doc 文档，在末尾另起一段输入下列文字（15 分）

一位小伙子见到我，向我招呼起来："你也是来看月亮的吧？这样的天气是看不到月亮的，何况又不是十五六的晚上！"我说："我只是来看看，能不能看到月亮是不要紧的。"我招呼他坐在我的身旁，他就拣一块干净的地方坐下了。

1. 在文章中插入 EX01.gif 图片，设置图片格式设为"四周型环绕"方式。（5 分）

2. 把文章标题"看月亮"设置为"楷体、三号、加粗"，页面设置纸张为 16 开纸。（5 分）

3. 把文章另存到 G□文件夹，命名为 exka.doc。（5 分）

四、Excel 部分（共 30 分）

打开 F□文件夹中的 dzb.xls 文件：

1. 给表格加所有框线。（6 分）

2. 设置表格中数字部分居中（6 分），并给数字部分前面加上人民币符号￥。（6 分）

3. 在表格后面增加一行，在 A 列中写上"平均值"，用函数计算每类消费品指数的平均值。（8 分）

4. 将表格另存到 G□文件夹中，命名为 exkb.xls。（4 分）

五、Internet 部分（共 10 分）

打开 C:\练习\net\web1.htm 网页，将该网页中的所有文本以 wa.txt 为名保存到 G□文件夹中（5 分），将该网页中的一张图片以 pica.jpg 为名另存到 G□文件夹中。（5 分）

《计算机实用基础》统考机考模拟题（4）

（开卷考试，时间：50 分钟）

考生注意：① 试题中的 F□ 和 G□ 是考生取自己完整学号的后 7 位，在前加 F 或 G 建立的文件夹。

② 准备工作一定要先做好才能做以后的题目。

一、准备工作（共 10 分）

1. 开机进入 Windows 桌面。

2. 在 E：盘建立一个考试文件夹，并命名为 F□。（3 分）

3. 在 E：盘建立一个保存考试内容的文件夹，并命名为 G□。（3 分）

4. 把 C:\练习\ks5 文件夹中所有的文件复制到 F□文件夹。（4 分）

二、Windows 部分（共 20 分）

1. 在 G□文件夹中建立两个文件夹 B1 和 B2。（6 分）

2. 将 F□文件夹中所有以 b 开头的文件复制到 B1 文件夹，所有文件扩展名为.bak 的文件移到 B2 文件夹。（8 分）

3. 把 B1 文件夹中 bqq.txt 文件的属性改为"只读"。（3 分）

4. 将 B2 文件夹中的 Exx0.bak 文件改名为 Bkxx.txt。（3 分）

三、Word 部分（共 30 分）

1. 建立一个新的 Word 文档，输入下列文字（15 分）

家装须知

对于没有家庭装修监工经验的年轻家庭而言，包工是有相当大的难度的。需要花大量的时间和精力在施工时解决各种实际问题。为了选购材料，到处奔波，还要安排工程进度，协调好各个工种之间工人师傅的关系。

2. 插入 F□文件夹中的 cc.doc 文件到刚建立的文章的末尾。（4 分）

3. 把文章标题"家装须知"设置为"黑体、二号、居中"。（3 分）

4. 把文章图片设为"紧密环绕"方式，将文档命名为 exkc.doc 并保存到 G□文件夹。（8 分）

四、Excel 部分（共 30 分）

打开 F□文件夹中的 dzc.xls 文件：

1. 给表格加所有框线。（6 分）

2. 利用公式计算应发工资（=基本工资+岗贴−扣款）。（10 分）

3. 在表格后面增加一行，合并最后一行的编号、姓名单元格，并写上"总和"，用求和函数求出基本工资、岗贴、扣款、应发工资的和。（10 分）

4. 将表格另存到 G□文件夹中，命名为 exkc.xls。（4 分）

五、Internet 部分（共 10 分）

打开 C:\练习\net\web3.htm 网页，将该网页中的所有文本以 wc.txt 为名保存到 G□文件夹中（5 分），将主图片以 pic3.bmp 为名保存到 G□文件夹中。（5 分）

附录一

《计算机应用基础》课程考试大纲

一、考试对象

本考试的对象为广西普通高校（包括本科、专科和高职）非计算机专业的学生。

二、考试目的

本考试的目的在于检查考生的计算机应用基础知识、基本理论、基本技能的掌握程度以及学生信息获取、信息处理和信息发布的基本能力，为评价考生的计算机基础知识和应用能力提供依据。一级考试的成绩可以作为高校《计算机应用基础》或相应课程的成绩。

三、课程教学内容及要求（62 学时）

（一）计算机基础知识

要求：了解计算机基本概念及基础知识，掌握微型计算机系统组成及计算机应用的初步知识。

内容：

1. 计算机概述

① 计算机的发展、分类、特点和应用领域。

② 计算机的工作原理和冯·诺依曼体系结构。

2. 数制与编码

① 数制：数值的二进制、八进制、十六进制表示，二进制与十进制（整数）、八进制、十六进制之间的转换。

② 计算机信息的表示：数、字符、汉字的编码表示（ASCII 码及汉字国标区位码）。

③ 数据的存储单位：位、字节、字、KB、MB、GB、TB 等；存储容量与存储地址的概念。

3. 计算机系统组成

① 计算机硬件基本知识：

- 中央处理器（CPU）。

- 存储器功能和分类：主（内）存储器（RAM、ROM），辅（外）存储器（硬盘、光盘、U盘、移动硬盘等）、高速缓冲存储器 Cache。

- 输入/输出设备的功能和分类：键盘、鼠标、显示器、打印机、扫描仪、数码照相机等。

- 微型计算机硬件系统的构成，主要性能指标（字长、内外存储器容量、运算速度等）和基本配置。

② 计算机软件基本知识：

- 指令、指令系统和程序的概念。
- 机器语言、汇编语言、高级语言的基本概念。
- 源程序、目标程序的概念。
- 系统软件（操作系统、语言处理程序等）的基本概念，汇编程序、编译程序与解释程序的功能和特点。
- 应用软件的概念。
- 微型计算机软件系统的构成。

4. 程序设计

① 算法、算法描述与程序。

② 程序设计的 3 种基本结构（顺序结构、选择结构和循环结构）。

（二）操作系统及应用

要求：了解操作系统的基本功能和作用，掌握 Windows 7 的基本操作及应用。

内容：

1. 操作系统概述

① 操作系统的分类及其特点。

② 操作系统的核心功能模块（CPU 管理、存储管理、设备管理和文件管理等）。

③ 典型操作系统（DOS、Windows、UNIX、Linux、MacOS）。

2. Windows 7 操作系统

① Windows 的发展简史。

② Windows 7 的基本操作（窗口操作、菜单操作、对话框操作、文档操作，剪贴板的使用、常用热键的使用、中文输入法的使用、任务栏的使用等）。

③ Windows 7 的资源管理器：

- 文件的类型与访问权限（包括文件的命名规则、文件扩展名、文件的绝对路径和相对路径）。
- 文件与文件夹的管理和创建（包括文件夹的目录结构、当前驱动器、当前目录、文件与文件夹的创建、移动与复制、删除、重命名、浏览及查找等）。

④ Windows 7 的控制面板：

- 显示属性的设置（主题、桌面、屏幕保护程序、外观等）。
- 系统日期和时间设置、区域和语言设置。
- 网络连接的设置。
- 添加/删除程序。

3. 文件压缩及解压工具软件及其使用方法

（三）计算机文字处理基础

要求：了解计算机处理文字的基础知识，熟练掌握一种汉字输入法，汉字输入速度达到 25 汉字/分钟、英文输入速度达到 60 字符/分钟的要求。

内容：

1. 计算机文字处理过程（输入、存储、传输、输出）

2. 中文文字处理（汉字输入技术、文字处理技术、汉字字模库、汉字输出技术）

3. 汉字输入法的安装及使用（至少掌握一种汉字输入法）

（四）Word 2010 文字处理软件

要求:了解 Word 2010 界面及常用术语，熟练使用 Word 软件进行文字输入、编辑、排版等处理过程。

内容：

1. Word 2010 简介（视图、状态栏、工具栏、菜单、显示比例的选择、标尺、段落标记的显示，全角字、半角字）

2. 文档基础操作（文档的建立、打开、保存、另存和关闭，文档的重命名，光标移动，快速定位，文字的输入、移动、删除、修改、操作的撤销与恢复，字符串的查找与替换，块操作）

3. 文档格式化设置

① 设置字体、字号、字形、文字的颜色。

② 设置字间距、行间距、段前段后间距，设置对齐方式。

③ 页面设置。

④ 插入页码、分页符，插入页眉页脚，分栏。

4. 文档图文处理

5. Word 表格制作设置表格文本格式，插入/删除行、列、单元格，合并拆分单元格，改变行高和列宽）

6. 文档打印输出

（五）Excel 2010 电子表格软件

要求：了解 Excel 2010 界面及常用术语，熟练使用 Excel 2010 软件进行电子表格的制作、数据处理、图表处理等操作。

内容：

1. Excel 2010 简介（Excel 的窗口组成，工作簿、工作表和单元格的概念）

2. 创建电子表格文档：

① 工作簿的新建、保存和打开。

② 工作表的建立与格式化。

③ 输入数据（文本、数值、日期和时间型数据的输入；使用自动填充输入数据；外部数据导入；设置输入数据的有效性条件）。

④ 单元格的基本操作（单元格的选择、插入、删除、合并；行高和列宽的调整；隐藏与显示行和列）。

⑤ 工作表的格式化（设置数字格式、对齐方式、边框和底纹；自动套用格式；使用条件格式）。

⑥ 工作表的基本操作（工作表的插入、重命名、删除、复制和移动、隐藏和显示；工作表窗口的拆分和冻结）。

3. 数据计算及处理（公式和函数的使用，单元格的引用方式、数据的排序、筛选和分类汇总）

4. 图表制作

（六）计算机网络基础

要求:掌握计算机网络和 Internet 的初步知识,具有使用 WWW 浏览器、收发电子邮件(E-mail)、文件传输（FTP）的初步知识的操作能力，了解信息安全与计算机病毒防治的基本知识。

内容：

1. 计算机网络的基本概念

① 计算机网络的定义、分类、组成和功能。

② 计算机网络的体系结构。

③ 局域网的组成与拓扑结构。

④ 局域网的标准。

⑤ Internet 的基本概念。

⑥ TCP/IP 协议、IP 地址与域名及域名服务。

2. Internet 应用

① Internet 的基本接入方式。

② Internet 的基本服务。

③ IE 浏览器的使用。

④ 收发电子邮件（E-mail）。

⑤ 文件传输。

3. 计算机信息安全与计算机病毒防治

① 计算机信息安全的重要性。

② 计算机信息安全技术。

③ 计算机信息安全法规。

④ 计算机病毒的特点、分类和防治。

（七）数据库技术基础

要求：了解数据库管理系统的基本概念，初步具有使用和操作 Access 数据库管理系统的基本能力。

内容：

1. 数据库系统基本知识

① 数据管理技术的 3 个发展阶段：人工管理阶段、文件管理阶段和数据库系统阶段。

② 数据库、数据库管理系统（DataBase Management System，DBMS）、应用程序、数据库管理员（Database Administrator，DBA）、数据库系统（DataBase System，DBS）的基本概念及相互关系。

③ 3 种重要的数据模型：层次模型、网状模型和关系模型。

④ 关系数据模型中的常用术语：关系、记录、属性（字段）、关键字、主键、值域。

2. Access 2010 简介

① Access 2010 的发展与功能。

② Access 2010 的运行环境与操作环境。

③ Access 2010 的数据库对象：数据表、查询、窗体、报表、宏与模块。

3. Access 数据库和数据表的建立

① 创建 Access 数据库。

② 表结构的创建与修改。

③ 表间关系的创建与修改。

④ 表数据的输入与编辑。

⑤ 表数据的排序。

⑥ 表数据的筛选。

4. 查询

① Access 查询的类型。

② 查询的视图。

③ 查询的创建方法。

④ 使用"查询向导"和"设计视图"创建查询。

⑤ 查询的保存、运行与结果显示。

5. 报表

① Access 报表的种类。

② 报表的创建与编辑。

6. 窗体

① Access 窗体的种类。

② 窗体的创建与编辑。

（八）多媒体技术基础

要求：了解多媒体技术的基本知识、初步掌握使用 PowerPoint 进行声音、图像、视频、动画等多媒体信息综合集成的基本能力。

内容：

1. 多媒体概念

① 媒体、多媒体及多媒体技术。

② 多媒体技术的特点。

③ 多媒体信息处理的关键技术。

④ 多媒体技术的发展概况。

2. 音频信息处理

① 模拟音频信号的数字化。

② 常用的声音压缩标准。

③ 声音文件的存储格式。

④ Windows 7 "录音机"的使用。

3. 图形和图像信息处理基础知识

① 图形和图像的基本概念（矢量图和位图、图像的分辨率、色彩深度、色彩模型等）。

② 图像数据的容量、图像压缩。

③ 常见的图像文件格式

④ Windows 7 的画图程序及其使用方法。

4. 视频信息处理基本知识

① 视频信号及其数字化。

② 视频压缩标准。

③ 常见的视频文件格式。

④ Windows 7 的媒体播放器及其使用方法。

5. PowerPoint 2010 演示文稿制作

① PowerPoint 2010 简介。

② 创建演示文稿（制作幻灯片内容）。

③ 设置超链接。

④ 设置动画效果。

⑤ 设置幻灯片切换方式。

⑥ 设置演示文稿的放映方式。

⑦ 作品打包。

（九）信息获取与发布

要求：了解信息获取与发布的方法、途径、工具和技术，具有网络信息获取与网页制作与发布的基本能力。

内容：

1. 信息的基本概念

① 信息的主要特征。

② 信息的获取。

③ 信息的发布。

2. 网络信息资源的获取

① 网络信息资源的特点。

② 网络信息资源的获取途径和获取方式。

③ WWW 搜索引擎的分类与工作原理。

④ 关键词全文搜索引擎的使用。

⑤ 分类目录索引搜索引擎的使用。

⑥ 电子文献查阅。

3. 网页制作基本概念

① 网页、站点与网站。

② HTML 语言与可视化网页设计工具。

4. Dreamweaver CS5 制作网页

① Dreamweaver CS5 的工作界面。

② 通过站点管理器创建站点。

③ 网页属性与网页布局设计。

④ 在网页中插入与编辑文本。

⑤ 在网页中插入图片和超链接。

⑥ 站点测试与上传。

说明：第（七）、（八）、（九）项内容可以根据专业需求的不同选择其中一项侧重教学。

四、考核方式及评分标准

1. 考核方式

考 试 方 式	考 试 形 式	考 试 时 间
笔试	闭卷	60 分钟
机试	闭卷	50 分钟

2. 期评成绩评定采用百分制记分

　　期评成绩 = 平时成绩 × 30% + 期末考试成绩(笔试 × 50% + 机试 × 50%) × 70%

3. 笔试和机试分数权重一览表（62 学时）

考 试 内 容	笔 试 权 重	机 试 权 重
（一）计算机基础知识	21%	0%
（二）操作系统及应用	21%	15%
（三）计算机文字处理基础	21%	45%
（四）Word 2010 文字处理软件		
（五）Excel 2010 电子表格软件		
（六）计算机网络基础	21%	20%
（七）数据库技术基础		
（八）多媒体技术基础	16%	20%
（九）信息获取与发布		
总计	100%	100%

附录

继续教育计算机课程统考大纲和要求

一、统考教材

《计算机实用基础》（Windows 版）。

二、上机考试机型要求

（一）硬件环境

1. CPU：1 GB 或以上。
2. 内存：512 MB 或以上。
3. 显示卡：SVGA 彩显。
4. 硬盘剩余空间：500 MB 或以上。

（二）软件环境

1. 教育部考试中心提供上机考试系统软件。
2. 操作系统：中文版 Windows XP。
3. 浏览器软件：中文版 Microsoft IE 6.0。
4. 办公软件：中文版 MS Office 2003 并选择典型安装。

三、考试重点

根据成人教育的特点，考试重点为考察学生的计算机实际操作能力。

四、考试内容及要求

（一）掌握如下计算机基础知识

1. 计算机系统概论及其发展概况。
2. 计算机系统组成、计算机硬件、软件的概念及硬件、软件的功能。
3. 计算机应用领域。
4. 微型计算机基本知识。
5. 计算机数据单位和编码以及计算机数制及数制转换。
6. 字符编码（ASCII 码）。
7. 微型计算机的组成。
8. 多媒体个人计算机系统。

（二）熟练掌握 Windows XP 的概念和操作

1. 操作系统的作用、Windows XP 的功能和特点。

2. Windows XP 的启动及退出。

3. 桌面的组成、"开始"按钮、任务栏、图标。

4. 鼠标的使用。

5. 窗口和对话框的操作。

6. 剪贴板的概念。

7. 资源管理器的使用。

8. 文件和文件夹的操作（包括文件或文件夹的创建、删除、恢复、彻底删除、更名、复制、移动、查找、修改属性）。

9. 系统日期和时间的设置。

10. 记事本和写字板的使用。

（三）熟练掌握英文输入法和一种汉字输入法

1. 中文输入法的打开和关闭。

2. 各种中文输入法的切换。

3. 特殊符号的输入。

4. 输入法状态条的结构和使用。

（四）熟练掌握 Word 2003 的概念和操作

1. 文字处理及文字处理系统知识。

2. Word 的基本操作：新建、打开、保存、退出。

3. Word 的窗口组成。

4. 编辑文档（定位、选定文本、插入文字、删除文字、撤销和重复操作、移动文字、复制文字）。

5. 查找和替换。

6. 图文混排。

7. 格式设计与排版（字符格式化、字体、字号、字形、段落排版、段落对齐、段落缩进、设置行间距及段间距、页面设置、页码的设置）。

8. 表格（创建表格、在表格中输入字符、修改表格、表格的整体缩放、行高与列宽的调整、增加或删除行或列、表格行列的合并与拆分）。

9. 打印文档及打印预览。

（五）熟练掌握 Excel 2003 的概念和操作

1. Excel 的基本概念（窗口、窗口的定制、工作簿、工作表、单元格、记录、字段）。

2. 表格的新建、打开及保存。

3. 表格编辑（行和列的插入及删除、改变单元格宽度和高度、合并单元格）。

4. 工作表的操作（重命名、移动、复制、删除、插入、预置工作表）。

5. 单元格的操作（单元格的选定、复制、剪切、粘贴、选择性粘贴、清除单元格内容、删除单元格）。

6. 表格的格式化（设置表格内数据的格式、格式化表格线、页面设置）。

7. 公式与函数以及序列填充。

8. 数据处理（排序、筛选、分类汇总）。

9. 记录单。

10. 工作表的模拟显示。

（六）掌握计算机病毒防治知识

1. 计算机病毒的产生和发展。

2. 计算机病毒及其种类。

3. 计算机病毒的传染渠道及防治办法。

（七）掌握 Internet

1. 了解 Internet 基本知识（什么是 Internet；利用 Internet 能干什么）。

2. 熟练掌握收发电子邮件（E-mail）。

3. 熟练掌握浏览网页。

4. 熟练掌握信息搜索。

5. 掌握如何从网上下载文件。

（八）了解汉字非键盘输入方法（略）